ZHENGZHOU
SHUMUYUAN ZHIWU TUPU

郑州树木园植物图谱（木本卷）

郑州市林业产业发展中心　编

华中科技大学出版社
http://press.hust.edu.cn
中国·武汉

图书在版编目（CIP）数据

郑州树木园植物图谱．木本卷/郑州市林业产业发展中心编．—武汉：华中科技大学出版社，
2023.4

ISBN 978-7-5680-9375-0

Ⅰ．①郑…　Ⅱ．①郑…　Ⅲ．①木本植物-郑州-图谱　Ⅳ．①Q948.526.11-64

中国国家版本馆 CIP 数据核字（2023）第 064440 号

郑州树木园植物图谱（木本卷）　　　　　　　　　　　　　　郑州市林业产业发展中心　编

Zhengzhou Shumuyuan Zhiwu Tupu（Muben Juan）

策划编辑：彭霞霞

责任编辑：叶向荣

封面设计：天　一

责任监印：朱　玢

出版发行：华中科技大学出版社（中国·武汉）　　　　　电话：（027）81321913
　　　　　武汉市东湖新技术开发区华工科技园　　　　　邮编：430223

录　　排：天　一

印　　刷：洛阳和众印刷有限公司

开　　本：880 mm × 1230 mm　1/16

印　　张：24.5

字　　数：235 千字

版　　次：2023 年 4 月第 1 版第 1 次印刷

定　　价：798.00 元（全 2 册）

编委会

主　　任：司同义

副 主 任：张卫东

委　　员：李佳刚　毛亚军　牛培玲　潘树彬　王　斌　刘　猛　王珠娜
　　　　　王亚杰

主　　编：郑州市林业产业发展中心

执行主编：刘　猛　王珠娜　王亚杰

副 主 编：李家美　李　伟　马晓东

编写人员：石　哲　汪贻喜　赵俊华　李　华　胡秀丽　刘艳艳　曹亚男
　　　　　王一涵　史志远　曾小宁　张永芝　汤　川　姚彦平　鄂白羽
　　　　　楚佳衡　唐淑红　董志德　蒋中豪　李龙生　袁　琳　陈万眠
　　　　　吕爱连　李　欣　于晓萌　土玉霞　马志军　徐卫华　孙　菁
　　　　　陈文迪　袁明珠　刘　爽　宁书强　李芳芳

审　　稿：朱长山　王齐瑞

摄　　影：李家美　史志远　王鹏行

修　　图：黄　跃　王鹏行

序

  郑州市林业产业发展中心在加强树木园管理的同时，组织编写了《郑州树木园植物图谱》。深感郑州市林业产业发展中心班子及其他干部职工的强烈事业心。这也反映出了郑州林业人"不忘初心、牢记使命"的责任担当。

  郑州树木园位于郑州市城区西南，地处尖岗水库以南、郑登快速通道以西、西南绕城高速以北之间区域，是郑州森林生态城西南森林组团的核心部分，占地面积4200亩（1亩≈666.7平方米，后同）。

  郑州树木园自2006年开始建设，郑州市林业局党组始终坚持"以人民为中心"的思想，积极践行"两山论"，贯彻落实新发展理念，充分利用其便利的交通区位、沟壑纵横的地形地貌、丰富的植物群落等优势，不断完善基础和服务设施，不断改造提升景观节点，不断丰富花卉树木品种，不断加强管理和提升服务水平，将郑州树木园打造成集名花名树展示、科普教育宣传、休闲游憩健身、生态文化体验及林业产业示范于一体的国内一流的综合性花卉树木博览园。郑州树木园已成为郑州市民充分享受林业生态建设成果的重要场所。

  本书是郑州树木园建园以来首次全面系统地介绍园区保存、引进、栽植植物资源的书籍。本书内容丰富、资料翔实、图文并茂，是该园区开展植物资源研究的重要成果和劳动结晶，也是进一步加强郑州树木园植物资源保护和调查难得的基础资料，弥补了郑州树木园在生态文化传播方面的缺憾，也为全市林业人专业能力的提升提供了学习参考的依据，对此我深感欣慰。本书作者历经多年，为收集详尽的第一手资料，付出了巨大的精力和辛劳，特别是在"7·20"水灾使郑州树木园遭受严重灾害的情况下，仍按时完成了资料的收集整理，实属难能可贵。

  《郑州树木园植物图谱》分为两卷（木本卷和草本卷），共收录植物近700种，每种均记述其科属、学名、别名、识别要点及主要用途等，还附以清晰的实景细节照片和分布地点，既能使广大普通读者通过看图和文字说明认识园区的植物，又能为专业人士深入研究中原地区植物自然分布，以及引进植物的生态习性、适生状况提供参考。因此，本书不但是一部很有意义的科普图书，而且是一部很有价值的专业工具书。

是为序。

郑州市林业局局长 司同哲

2022 年 10 月

前　言

郑州树木园以木本、草本植物为特色，以森林生态示范建设为中心，建设以花、灌、木为主体的专类园区 49 个，是本地区最丰富、多样、齐全的植物种质资源库，也是集科研、科普、科教、种质资源基因保存、苗木培育、生态观光和休闲健身等于一体的社会公益性专题园。由于时间、技术水平的限制，我们对引种植物的培育和保存情况一直没有做过系统的调查和了解。

2021—2022 年，郑州市林业局牵头组织郑州市林业产业发展中心与河南农业大学项目团队共同对园内植物进行本底调查、鉴定，对每种植物的形态特征进行准确描述，获取花、叶、果图片资料并汇总，开展郑州树木园植物普查、图谱编制工作。据调查，郑州树木园共有植物 111 科、386 属、654 种（包括亚种、变种、变型），其中木本植物 360 种，草本植物 294 种。其中发现白毛马鞭草、绣球小冠花、白花蛇舌草和黄花稔河南省新分布物种 4 种。

在郑州树木园植物普查成果的基础上，我们组织编写此图谱，以求全面反映郑州树木园植物资源保护和利用的情况，为进一步开展调查、采集、鉴定、引种、驯化、保存和推广利用及创新提供参考。

本图谱按照最新的分类系统 APG Ⅳ 进行排列，并配以植物科属的拉丁学名，按照植物的根、茎、叶、花、果实、种子顺序，选取主要识别特点，逐一描述。

植物种类鉴定专业性较强，由于我们水平有限，书中难免存在疏漏之处，敬请各位领导、专家和广大读者批评指正。

郑州市林业产业发展中心

2022 年 10 月

目　录

郑州树木园植物图谱（木本卷）

郑州树木园植物图谱（木本卷）

银杏科

银杏属

银杏 *Ginkgo biloba* L.

别　　名：白果、公孙树、鸭掌树　　　　　　**位　　置**：银杏园

识别要点：乔木；幼年及壮年树冠呈圆锥形，老则呈广卵形。枝近轮生，斜上伸展。叶扇形，有长柄，无毛，有多数叉状并列细脉，叶在一年生长枝上螺旋状散生，在短枝上 3~8 叶呈簇生状。球花雌雄异株，雄球花柔荑花序状下垂；雌球花具长梗，梗端常分两叉，叉顶生一盘状珠座。

主要用途：可作庭园树及行道树。木材可作建筑、家具、室内装饰、雕刻、绘图板等的用材；种子可供食用（多食易中毒）及药用；叶可作药用和制杀虫剂，亦可作肥料。

雪松 *Cedrus deodara* (Roxb. ex D. Don) G. Don

雪松属

别　　名：塔松、香柏　　位　　置：休闲广场

识别要点：常绿；枝有长枝和短枝。小枝常下垂，一年生长枝淡灰黄色，密生短绒毛，微有白粉。叶针形，上部较宽，先端锐尖，下部渐窄，常呈三棱形，稀背脊明显，叶之腹面两侧各有2~3条气孔线，背面4~6条，长枝上叶螺旋状着生，短枝上叶簇生，均不成束。雌球花卵圆形。球果初淡绿色后红褐色，微有白粉。

主要用途：可作庭园树。木材可作建筑、桥梁、船舶、家具及器具等的用材。

云杉 *Picea asperata* Mast.

云杉属

别　　名：白松、大果云杉、大云杉　　　　　**位　　置：**金钱松园

识别要点：树皮淡灰褐色或淡褐灰色，裂成稍厚的不规则鳞状块片脱落。一年生枝淡褐黄色，或多或少有白粉和毛。叶四棱状条形，先端微尖或急尖，有粉白色气孔线多条。球果长 5~16 厘米，初绿色后淡褐色。种子倒卵圆形，长约 4 毫米，连翅长约 1.5 厘米，种翅淡褐色。

主要用途：木材可作桥梁、家具等的用材，也可作飞机、乐器、纸张、人造丝的原料；茎皮纤维可制人造棉和绳索；叶可入药；树干可取松脂。

华山松 *Pinus armandii* Franch.

别　　名： 五叶松、青松、果松、白松　　　**位　　置：** 林栖路

识别要点： 小枝无毛，绿色。叶长 8~15 厘米，5 针 1 束，叶鞘早落，鳞叶不下延。鳞脐顶生，无尖头；种鳞开张，鳞盾边缘不反曲，种子脱落近无翅。

主要用途： 为造林树种。木材可作建筑、枕木、家具等的用材，也可作木纤维工业原料；树干可割取树脂；树皮可提取栲胶；针叶可提炼芳香油；种子可食用，亦可榨油供食用或供工业用。

白皮松 *Pinus bungeana Zucc. ex Endl.*

别　　名： 虎皮松、白果松、三针松、白骨松　　　　　**位　　置：** 花博园

识别要点： 幼树树皮光滑，灰绿色，长大后树皮成不规则的薄块片脱落，露出淡黄绿色的新皮。老树树皮呈淡褐灰色或灰白色，裂成不规则的鳞状块片脱落，脱落后近光滑，露出粉白色的内皮，白褐相间成斑鳞状。3针1束，叶鞘早落，鳞叶不下延。球果长5~7厘米，鳞脐有刺；种翅短。

主要用途： 可作庭园树。木材可作房屋建筑、家具、文具等的用材；种子可食。

马尾松 *Pinus massoniana* Lamb.

松属

别　　名：枞松、山松、青松　　　　**位　　置：**林栖路

识别要点：枝条一年生一轮，无白粉。针叶 2 针 1 束，稀 3 针 1 束，叶鞘宿存，鳞叶下延。雄球花聚生于新枝下部苞腋，穗状；雌球花单生或 2~4 朵聚生于新枝近顶端。新球果近枝顶，鳞盾平或微隆起，鳞脐无刺；种翅长。

主要用途：为荒山造林树种。木材可作建筑、枕木、电杆、矿柱、船舶、器具、家具的用材，也可作木纤维工业原料；树干可割取松脂，树皮可提取栲胶；树干及根可培养茯苓、蕈类。

油松 *Pinus tabuliformis Carr.*

松属

别　　名：短叶马尾松、红皮松、短叶松　　　　　**位　　置**：西门

识别要点：树皮灰褐色或褐灰色，裂成不规则较厚的鳞状块片，裂缝及上部
　　　　　　树皮红褐色。枝条一年生一轮，无白粉。冬芽矩圆形，顶端尖，
　　　　　　微具树脂，芽鳞红褐色，边缘有丝状缺裂。2针叶粗硬，叶鞘宿存，
　　　　　　鳞叶下延。新球果近枝顶，鳞盾肥厚隆起，鳞脐有短刺；种翅长。

主要用途：木材可作建筑、电杆、矿柱、船舶、器具、家具的用材，也可作
　　　　　　木纤维工业原料；树干可割取松脂，提取松节油和栲胶；松节、
　　　　　　针叶、花粉均可供药用。

郑州树木园植物图谱（木本卷）——松科

松科

松属

黑松 *Pinus thunbergii* Parl.

别　　名：日本黑松　　位　　置：仿真植物园

识别要点：枝条开展，树冠宽圆锥状或伞形；一年生枝淡褐黄色，无毛。冬芽银白色，圆柱状椭圆形或圆柱形，顶端尖，芽鳞披针形或条状披针形，边缘白色丝状。2针叶硬直，叶鞘宿存，鳞叶下延。新球果1~3个近枝顶，鳞盾稍肥厚，鳞脐微凹具短刺；种翅长。

主要用途：可作庭园观赏树和造林树。木材可作建筑、矿柱、器具、板料及薪炭等的用材；树干可提取树脂。

松科

金钱松 *Pseudolarix amabilis* (J. Nelson) Rehder

金钱松属

别　　名：水树、金松　　　　　**位　　置：**金钱松园

识别要点：枝有长枝和短枝。叶扁平，长 2~5.5 厘米，宽 2~4 毫米（幼树叶长达 7 厘米，宽 5 毫米）。雄球花黄色，圆柱状，下垂；雌球花紫红色，直立，椭圆形，有短梗。种鳞脱落；种子白色，种翅三角状披针形，淡黄色或淡褐黄色，上面有光泽。

主要用途：可作庭园树。木材可作建筑、板材、家具、器具等的用材，也可作木纤维工业原料；树皮可提取栲胶，入药；根皮供药用，也可作造纸胶料；种子可榨油。

日本花柏 *Chamaecyparis pisifera* (Siebold et Zuccarini) Enelicher

扁柏属

别　　名： 五彩松　　　　**位　　置：** 裸子植物园

识别要点： 树皮红褐色，裂成薄皮脱落。生鳞叶小枝条扁平，排成一平面；小枝下面之鳞叶有显著的白粉；鳞叶先端锐尖，具 1 个不明显腺点。球果圆球形，直径约 6 毫米，熟时暗褐色；种鳞 5~6 对，顶部中央稍凹，有凸起的小尖头，发育的种鳞各有 1~2 粒种子；种子三角状卵圆形，有棱脊，两侧有宽翅。

主要用途： 可作庭园树。

柳杉 *Cryptomeria japonica* var. *sinensis* Miquel

别　　名：长叶孔雀松　　　**位　　置：**金钱松园

柳杉属

识别要点：树皮红棕色，纤维状，裂成长条片脱落。小枝细长，常下垂，绿色，枝条中部的叶较长。叶直伸或内曲。雄球花单生叶腋，长椭圆形，长约 7 毫米，集生于小枝上部，成短穗状、花序状；雌球花顶生于短枝上。球果无柄，种鳞 20 片左右，苞鳞的尖头长 2~4 毫米，种鳞先端的裂齿长 2~4 毫米，能育的种鳞有 2 粒种子。

主要用途：为庭院绿化树种。树皮可入药；木材供建筑用。

杉木 *Cunninghamia lanceolata* (Lamb.) Hook.

杉木属

别　　名：杉、刺杉、木头树、正杉、沙木　　　位　　置：木槿园

识别要点：树皮灰褐色，裂成长条片脱落，内皮淡红色；大枝平展，小枝近
　　　　　对生或轮生，常呈二列状，幼枝绿色。叶条状披针形，有细缺齿，
　　　　　下面有两条白粉气孔带。雄球花数个簇生，雌球花单生或2~4朵
　　　　　集生。种鳞革质扁平，螺旋状排列。

主要用途：木材可作建筑、桥梁、船舶、矿柱、木桩、电杆、家具等的用材，
　　　　　也可作木纤维工业原料。

圆柏 *Juniperus chinensis* L.

刺柏属

别　　名：珍珠柏、红心柏、刺柏、桧柏　　　　**位　　置：**全园

识别要点：树皮红褐色，裂成长条片脱落。幼树的枝条通常斜上伸展，形成尖塔形树冠，老树则下部大枝平展，形成广圆形的树冠。鳞叶排列较疏，先端急尖，或与刺形叶共存。雌雄球花常生于不同的植株之上。球果近圆球形，两年成熟。种子 1~4 粒。

主要用途：可作庭园树。木材可作建筑、家具、文具及工艺品等的用材；树根、树干及枝叶可提取柏木脑及柏木油；枝叶可入药。

郑州树木园植物图谱（木本卷）——柏科

龙柏 *Juniperus chinensis* 'Kaizuca'

刺柏属

别　　名：铺地龙柏　　　位　　置：地球小调园

识别要点：常绿乔木。树皮深灰色，纵裂，成条片开裂；幼树的枝条通常斜上伸展，形成尖塔形树冠，老树则下部大枝平展，形成广圆形的树冠。枝条向上直展，常有扭转上升之势，小枝密，在枝端成近等长之密簇。鳞叶排列紧密，幼嫩时为淡黄绿色，后呈翠绿色。球果蓝色，微被白粉。

主要用途：可作庭园树。木材可作建筑、家具、文具及工艺品等的用材；树根和枝叶可提取柏木脑及柏木油；枝叶可入药。

柏科

水杉属

水杉 *Metasequoia glyptostroboides* **Hu & W. C. Cheng**

别　　名：梳子杉　　　位　　置：林芳路

识别要点：具长枝及脱落性短枝。叶条形，基部扭转呈二列，羽状。雌雄同
株，球花基部有交叉对生的苞片。小枝、雄蕊、珠鳞及种鳞均交
叉对生。球果下垂，近四棱状球形或矩圆状球形，成熟前绿色，
熟时深褐色，其上有交互对生的条形叶。

主要用途：作造林树和绿化树。木材可作建筑、板料、电杆、家具等的用材，
也可作木纤维工业原料。

郑州树木园植物图谱（木本卷）——柏科

侧柏 *Platycladus orientalis* (L.) Franco

侧柏属

别　　名：香树、扁桧、香柏、黄柏　　　　　**位　　置：**全园

识别要点：常绿乔木。生鳞叶的小枝细，向上直展或斜展，扁平，排成一平面。鳞叶长 1~3 毫米。雄球花黄色，卵圆形，长约 2 毫米；雌球花近球形，直径约 2 毫米，蓝绿色，被白粉。球果近卵圆形，长 1.5~2（2.5）厘米，成熟前近肉质，蓝绿色，被白粉，成熟后木质，开裂，红褐色；鳞背顶端的下方有一向外弯曲的尖头。种子无翅。

主要用途：供药用及作庭园树。木材可作建筑、器具、家具、农具及文具等的用材。

柏科

落羽杉属

落羽杉 *Taxodium distichum* (L.) Rich.

别　　名：落羽松　　**位　　置：**林韵广场

识别要点：落叶乔木。树皮棕色，裂成长条片脱落。新生幼枝绿色，到冬季则变为棕色；侧生小枝呈二列，羽状，冬脱落；大枝水平开展。叶条形，扁平，基部扭转在小枝上呈二列，羽状，长 1~1.5 厘米，排列较疏，凋落前变成暗红褐色。球果有短梗，向下斜垂，熟时淡褐黄色，有白粉；种鳞盾形、木质。

主要用途：可作造林或庭园树。木材可作建筑、电杆、家具、船舶等的用材。

罗汉松科

罗汉松属

短叶罗汉松 *Podocarpus chinensis* Wall. ex J. Forbes

别　　名： 短叶土杉、小叶罗汉松、小罗汉松　　　　**位　　置：** 休闲广场

识别要点： 小乔木或呈灌木状。树皮灰色或灰褐色，浅纵裂，呈薄片状脱落；枝条向上斜展，较密。叶短而密生，长 2.5~7 厘米，先端钝或圆。雄球花穗状、腋生，常 3~5 朵簇生于极短的总梗上，长 3~5 厘米，基部有数片三角状苞片；雌球花单生叶腋，有梗，基部有少数苞片。种子有白粉，假种皮呈暗紫色。

主要用途： 可作庭园观赏树。

三尖杉 *Cephalotaxus fortunei* Hooker

别　　名：头形杉、山榧树、三尖松、狗尾松、桃松　　　**位　　置**：海棠园

识别要点：树皮褐色或红褐色，裂成片状脱落。叶排成两列，披针状条形，长 4~13 厘米，宽 3.5~4.5 毫米，下面气孔带被白粉。雄球花 8~10 朵聚为头状，花梗长 6~8 毫米；雌球花的胚珠 3~8 粒发育成种子，总梗长 1.5~2 厘米。种子长约 2.5 厘米。

主要用途：木材可作建筑、桥梁、舟车、农具、家具及器具等的用材；叶、枝、种子、根可提取多种植物碱；种仁可榨油，供工业用。

篦子三尖杉 *Cephalotaxus oliveri* Mast.

别　　名：阿里杉、梳叶圆头杉、花枝杉　　　　　**位　　置：**机器的容器园

识别要点：灌木。叶条形，通常中部以上向上方微弯，中脉下面气孔带白色。雄球花6~7朵聚生成头状花序，有总梗，基部及总梗上部有10余片苞片，每一朵雄球花基部有1片广卵形的苞片，雄蕊6~10枚；雌球花的胚珠通常1~2粒发育成种子。种子顶端中央有小凸尖，有长梗。

主要用途：可作庭园树。木材可作农具及工艺等的用材；叶、枝、种子、根可供药用。

粗榧 *Cephalotaxus sinensis* (Rehder et E. H. Wilson) H. L. Li

别　　名：中国粗榧、粗榧杉、中华粗榧杉　　　**位　　置：**裸子植物园

识别要点：叶排成二列，边缘不向下反曲，先端渐尖或微急尖，长 2~5 厘米。雄球花 6~7 朵聚生成头状，直径约 6 毫米，梗长约 3 毫米，基部及花序梗上有很多苞片；雄球花卵圆形，基部有 1 片苞片，雄蕊 4~11 枚，花丝短，花药 2~4 枚。种子 2~5 粒着生于轴上，长 1.8~2.5 厘米，顶端中央有一小尖头。

主要用途：可作庭园树。木材可作农具及工艺等的用材；叶、枝、种子、根可提取多种植物碱。

红豆杉科

红豆杉属

东北红豆杉 *Taxus cuspidata* Sieb. et Zucc.

别　　名：宽叶紫杉、米树、赤柏松、紫杉　　　　**位　　置：**玉兰园

识别要点：树皮红褐色，有浅裂纹；枝条平展或斜上直立，密生。小枝基部有宿存芽鳞。叶排成不规则的二列，斜上伸展，通常直，稀微弯，有短柄；下面中脉带上无角质的乳头状突起。种子三角状卵圆形或其他卵圆形，通常上部具 3~4 条钝纵棱脊。

主要用途：边材可作建筑、家具、器具、文具、雕刻、箱板等的用材；心材可提取红色染料；种子可榨油；木材、枝叶、树根、树皮能提取紫杉素。

郑州树木园植物图谱

红豆杉科

红豆杉属

红豆杉 *Taxus wallichiana* var. *chinensis* (Pilg.) Florin

别　　名： 观音杉、红豆树、扁柏、卷柏　　**位　　置：** 醉鱼草园、琼花园

识别要点： 芽鳞三角状卵形，背部无脊或有纵脊，脱落或少数宿存于小枝的基部。叶排列成二列，条形，微弯或较直，长 1.5~2.2（3）厘米，宽 2~4 毫米，下面中脉上密生圆形角质乳头状突起，其色泽常与气孔带相同。种子生于杯状红色肉质的假种皮中，常呈卵圆形，稀倒卵圆形。

主要用途： 木材可作建筑、车辆、家具、器具、农具及文具等的用材。

郑州树木园植物图谱（木本卷）——红豆杉科

红毒茴 *Illicium lanceolatum* A. C. Smith

五味子科

八角属

别　　名：红茴香、披针叶茴香、莽草　　位　　置：玉兰园

识别要点：叶互生或稀疏地簇生于小枝近顶端或排成假轮生，中脉在叶面凹下。花腋生或近顶生，单生或 2~3 朵集生；花梗纤细；花被片 10~15 片，肉质；雄蕊 6~11 枚，花丝长 1.5~2.5 毫米，花药分离，药隔不明显截形或稍微缺，药室突起；心皮 10~14 枚，花柱钻形，纤细，骤然变狭。

主要用途：果和叶可提取芳香油，为高级香料的原料；根和根皮可入药；种子可作农药。

郑州树木园植物图谱

鹅掌楸 *Liriodendron chinense* (Hemsl.) Sarg.

鹅掌楸属

别　　名： 马褂木　　　　　**位　　置：** 玉兰园

识别要点： 小枝灰色或灰褐色。叶马褂状，近基部每边具 1 侧裂片，老叶下面被乳突状白粉点。花杯状，花被片 9 片，外轮 3 片绿色，萼片状，向外弯垂，内两轮 6 片，直立，花瓣状、倒卵形，长 3~4 厘米，绿色，具黄色纵条纹，花被长 3~4 厘米，花丝长 5~6 毫米，花期时雌蕊群超出花被之上。

主要用途： 木材可作建筑、船舶、家具等的用材，亦可制胶合板；叶和树皮可入药。

荷花木兰 *Magnolia grandiflora* L.

别　　名：广玉兰、洋玉兰、白玉兰、荷花玉兰　　位　　置：休闲广场

识别要点：托叶与叶柄分离，叶柄上无托叶痕；叶常绿，背面被浓密的红褐
色绒毛。花白色，有芳香，直径 15~20 厘米；花被片 9~12 片，
厚肉质，倒卵形；雄蕊长约 2 厘米，花丝扁平，紫色，花药内向，
药隔伸出成短尖。聚合果大直径 4~5 厘米。种子近圆形，两侧不
压扁。

主要用途：可作庭园绿化观赏树。木材可作装饰用材；叶、幼枝和花可提取
芳香油；花可制浸膏；叶可入药；种子可榨油。

木兰科

含笑属

含笑花 *Michelia figo* (Lour.) Spreng.

别　　名：香蕉花、含笑　　　　**位　　置**：醉鱼草园

识别要点：芽、嫩枝、叶柄、花梗均密被黄褐色绒毛。叶革质，狭椭圆形或倒卵状椭圆形，叶柄长 2~4 毫米，托叶痕长达叶柄顶端。花直立，淡黄色而边缘有时红色或紫色，具甜浓的芳香。花被片 6 片，淡黄色，边缘带紫色。聚合果长 2~3.5 厘米。

主要用途：除供观赏外，花有水果甜香；花瓣可拌入茶叶制成花茶，亦可提取芳香油或供药用。

天目玉兰 *Yulania amoena* (W. C. Cheng) D. L. Fu

别　　名：天目木兰　　　　位　　置：玉兰园

识别要点：嫩枝绿色，老枝带紫色。花紫红色，先于叶开放，芳香，直径约6厘米；佛焰苞状苞片紧接花被片；花被片9片；雄蕊长9~10毫米，药隔伸出短尖头，花药侧向开裂，花丝紫红色。雌蕊群圆柱形，柱头长1毫米。聚合果常由于部分心皮不育而弯曲；蓇葖扁圆球形，顶端钝圆，有尖凸起小瘤状点，背面全分裂为二果片。

主要用途：可作观赏树种。花蕾可入药。

望春玉兰 *Yulania biondii* (Pamp.) D. L. Fu

玉兰属

别　　名：望春花、迎春树　　　　位　　置：玉兰园

识别要点：叶最宽处在中部以下，长椭圆状披针形或卵状披针形。花先于叶
　　　　　开放，外轮 3 片紫红色，近狭倒卵状条形，内 2 轮近匙形，白色，
　　　　　基部紫红色。蓇葖浅褐色，近圆形，侧扁，具凸起瘤点；种子心
　　　　　形，外种皮鲜红色，内种皮深黑色，顶端凹陷，中部凸起，腹部
　　　　　具深沟。

主要用途：可作庭园绿化树种，亦可作玉兰及其他同属种类的砧木。花可提
　　　　　出浸膏作香精；花蕾可入药。

郑州树木园植物图谱（木本卷）——木兰科

玉兰属

玉兰 *Yulania denudata* (Desr.) D. L. Fu

别　　名：白玉兰、望春花、迎春花、玉堂春、木兰　　**位　　置：**玉兰园

识别要点：落叶乔木。叶倒卵形，先端宽圆、平截或稍凹，具短突尖。花先
于叶开放，花被片 9 片，形状相似，白色，外基部常红色；花药
长 6~7 毫米，侧向开裂。

主要用途：可作庭园观赏树种。木材可作家具、图板、细木工等的用材；花
蕾入药与辛夷功效相同；花可提取配制香精或浸膏；花被片可食
用或熏茶；种子可榨油供工业用。

郑州树木园植物图谱

木兰科

玉兰属

飞黄玉兰 *Yulania denudata* 'Fei Huang'

别　　名：木兰　　　**位　　置：**玉兰园

识别要点：落叶乔木。幼枝粗壮，淡黄绿色，密被短柔毛。叶片倒卵圆形，厚纸质，绿色，具光泽，主脉明显，基部沿脉被短柔毛，背面淡绿色，被较密短柔毛。花蕾顶生或腋生，两端渐细，先端钝圆；花被片黄色至淡黄色，厚肉质，椭圆状匙形，先端钝圆，基部宽；花丝宽于花药；花柱和柱头淡黄白色，花柱稍弯曲；聚生蓇葖果圆柱状。

主要用途：可作观赏树。花蕾可入药。

郑州树木园植物图谱（木本卷）——木兰科

紫玉兰 *Yulania liliiflora* (Desr.) D. L. Fu

别　　名：木笔、辛夷　　　　**位　　置：**海棠园

识别要点：托叶痕几延伸至叶片基部，叶片基部在叶柄上稍下延。花叶同时
　　　　　　开放，稍有香气；花被片9~12片，外轮3片萼片状，紫绿色，
　　　　　　披针形，常早落，内2轮肉质，外面紫色或紫红色，内面带白色，
　　　　　　花瓣状，椭圆状倒卵形；雄蕊紫红色，花药侧向开裂，药隔伸出
　　　　　　成短尖头。

主要用途：可作嫁接砧木。花为传统花卉；树皮、叶、花蕾均可入药；花蕾
　　　　　　晒干后称辛夷，可提炼挥发油。

二乔玉兰 *Yulania × soulangeana* (Soul. -Bod.) D. L. Fu

别　　名： 二乔木兰　　　　**位　　置：** 玉兰园

识别要点： 叶倒卵形，托叶痕约为叶柄长的 1/3。花蕾卵圆形，花先于叶开放，浅红色至深红色；花被片 6~9 片，外轮 3 片花被片常较短，约为内轮长的 2/3，紫色，有时近白色；雄蕊长 1~1.2 厘米，花药长约 5 毫米，侧向开裂，药隔伸出成短尖；雌蕊群无毛，圆柱形，长约 1.5 厘米。蓇葖卵圆形或倒卵圆形，熟时黑色，具白色皮孔。

主要用途： 可作观赏树。

木兰科

玉兰属

宝华玉兰 *Yulania zenii* (W. C. Cheng) D. L. Fu

别　　名：木兰　　　　**位　　置：**玉兰园

识别要点：落叶乔木。叶膜质，倒卵状长圆形或长圆形，先端宽圆具渐尖头，上面绿色，下面淡绿色。花先于叶开放，花被片9片，近匙形，先端圆或稍尖，内轮较狭小，白色，背面中部以下淡紫红色，上部白色；花药长约7毫米，侧向开裂。

主要用途：可作庭园观赏树。花可提取配制香精或浸膏；花被片可食用或熏茶；种子可榨油供工业用。

夏蜡梅 *Calycanthus chinensis* (W. C. Cheng & S. Y. Chang) W. C. Cheng & S. Y. Chang ex P. T. Li

蜡梅科

夏蜡梅属

别　　名： 夏腊梅、黄梅花、蜡木、牡丹木、夏梅　　　**位　　置：** 紫叶李园

识别要点： 小枝对生；芽藏于叶柄基部之内。花无香气，直径 4.5~7 厘米；苞片 5~7 片，苞片早落，落后有疤痕；花被片螺旋状着生于杯状或坛状的花托上，外面的花被片 12~14 片，白色，边缘淡紫红色，有脉纹，内面的花被片 9~12 片，中部以上淡黄色，内面基部有淡紫红色斑纹。

主要用途： 可作园林绿化树。根、叶、花和花蕾可入药。

郑州树木园植物图谱（木本卷）——蜡梅科

蜡梅 *Chimonanthus praecox* (L.) Link

蜡梅属

别　名: 腊梅、磬口蜡梅、黄金茶、蜡木　　**位　置:** 百尺回廊、儿童园

识别要点: 落叶灌木; 叶椭圆形、宽椭圆形至卵圆形。花着生于第二年生枝条叶腋内, 先花后叶, 芳香, 直径2~4厘米; 花被片圆形、长圆形、倒卵形、椭圆形或匙形, 无毛, 内部花被片比外部花被片短, 基部有爪; 雄蕊长4毫米, 花药向内弯, 无毛, 药隔顶端短尖, 退化雄蕊长3毫米; 心皮基部被疏硬毛, 花柱长达子房3倍, 基部被毛。

主要用途: 可作园林绿化树。根、叶、花、花蕾等可药用; 花亦可提取蜡梅浸膏。

樟科

樟属

樟 *Cinnamomum camphora* (L.) Presl

别　　名：樟木、油樟、芳樟、香樟、樟树　　　　　**位　　置：**芳香园

识别要点：叶互生，下面干时常带白色，两面无毛或下面幼时略被微柔毛，
背面脉腋有明显腺窝，窝内常被柔毛。花序无毛或被灰白至黄褐
色微柔毛；花被外面无毛或被微柔毛，内面密被短柔毛，花被筒
倒锥形，长约 1 毫米，花被裂片椭圆形。

主要用途：根、枝、叶可提取樟脑和樟油，樟脑和樟油供医药及香料工业用；
木材可作船舶、橱箱和建筑等的用材。

凤尾丝兰 *Yucca gloriosa* L.

别　　名：剑麻、凤尾兰　　　　**位　　置：**榛树园

识别要点：茎明显。叶全缘，近簇生于茎顶端，近无丝状纤维，顶端长渐尖，坚硬刺状。圆锥花序高 1~1.5 米，常无毛；花下垂，白或淡黄白色，顶端常带紫红色，5 月和 9 月两次开花；花被片 6 片，卵状菱形，长 4~5.5 厘米，宽 1.5~2 厘米；柱头三裂。

主要用途：可作庭园观赏树；可作鲜切花材料。叶纤维可制缆绳，也可作造纸纤维。

棕榈科

棕榈属

棕榈 *Trachycarpus fortunei* (Hook.) H. Wendl.

别　　名：棕树　　　　**位　　置：**海棠园

识别要点：树干单生，被覆宿存的枯叶，被包着叶鞘的网状纤维。叶片呈
　　　　　　3/4 圆形或者近圆形，深裂片线状剑形。花序多次分枝，从叶腋
　　　　　　伸出。果实肾形，有脐。

主要用途：可作庭园绿化树。皮可制作绳索、蓑衣、棕绷、地毡、刷子，
　　　　　　也可作沙发的填充料等；嫩叶可制扇和草帽；未开放的花苞可
　　　　　　食用；棕皮、果实、叶、叶柄、花、根等可入药。

郑州树木园植物图谱（木本卷）——棕榈科

箬叶竹 *Indocalamus longiauritus* Handel-Mazzetti

别　　名： 长耳箬　　　　**位　　置：** 樱花园

识别要点： 地下茎复轴型。竿散生和丛生，每节分枝与主竿近等粗；节间
　　　　　　暗绿色，有白毛，节下方有一圈淡棕带红色并贴竿而生的毛环。
　　　　　　箨耳和叶耳极显著；箨舌高 5 毫米；箨片长三角形至卵状披针
　　　　　　形，直立，绿色带紫，先端渐尖，基部收缩，近圆形。叶鞘坚硬，
　　　　　　无毛。

主要用途： 竿可作毛笔杆或竹筷；叶片可作斗笠、船篷等防雨用品的衬垫材料。

禾本科

刚竹属

花哺鸡竹 *Phyllostachys glabrata* S. Y. Chen et C. Y. Yao

别　　名：花壳竹　　　　位　　置：樱花园西侧

识别要点：竿高达7米，直径3~4厘米，幼时深绿色，无白粉，无毛，略粗糙，二、三年老竿灰绿色。箨鞘背面淡红褐色或淡黄带紫色，密布紫褐色小斑点，无白粉，光滑无毛；箨舌截形，乃至稍呈拱形，淡褐色，边缘波状，生短纤毛；箨片狭三角形至带状，外翻，皱曲。末级小枝2或3片叶；叶舌突出；叶片披针形至矩圆状披针形。

主要用途：栽培供观赏。可食用。

淡竹 *Phyllostachys glauca McClure*

刚竹属

别　　名：绿粉竹　　　位　　置：南二门

识别要点：地下茎单轴型。竿散生，幼竿被厚雾状白粉；箨鞘淡红褐色，无
　　　　　箨耳及鞘口繸毛，但早落，具紫色脉纹并散生斑点；箨舌暗紫褐
　　　　　色，截形，边缘有波状裂齿及细短纤毛；箨片线状披针形或带状，
　　　　　绿紫色，边缘淡黄色。末级小枝具2或3片叶；叶舌紫褐色。

主要用途：笋味淡，可食用；竹材可编织各种竹器，也可整材使用，作农具
　　　　　柄、搭棚架等。

禾本科

刚竹属

红哺鸡竹 *Phyllostachys iridescens* C. Y. Yao et S. Y. Chen

别　　名： 红壳竹　　　　**位　　置：** 桐之韵广场

识别要点： 竿高 6~12 米，径粗 4~7 厘米，幼竿被白粉，一、二年生的竿逐渐出现黄绿色纵条纹，老竿则无条纹。箨鞘紫红色或淡红褐色，背部密生紫褐色斑点，无毛；箨舌宽，拱形或较隆起，边缘有紫红色长纤毛；箨片外翻，带状，绿色，边缘红黄色。末级小枝具 3 或 4 片叶，无叶耳；叶片长 8~17 厘米，宽 1.2~2.1 厘米，质较薄。

主要用途： 笋味鲜美可口，为优良的笋用竹种；竹材可作晒衣竿及农具柄。

禾本科

刚竹属

紫竹 *Phyllostachys nigra* (Lodd.) Munro

别　　名：黑竹、乌竹　　　　**位　　置：**阳台园

识别要点：地下茎单轴型。竿散生，每节 2 个分枝，新竿、幼竿绿色后现紫
黑色密斑而为紫黑色。箨鞘无斑点，有箨耳；箨耳长圆形至镰形，
紫黑色，边缘生有紫黑色繸毛；箨舌拱形至尖拱形，紫色，边
缘生有长纤毛。花枝呈短穗状，长 3.5~5 厘米，基部托以 4~8 片
逐渐增大的鳞片状苞片；佛焰苞 4~6 片；内稃短于外稃。

主要用途：栽培供观赏。竹材可作小型家具、手杖、伞柄、乐器及工艺品。

木防己 *Cocculus orbiculatus* (L.) DC.

木防己属

别　　名： 土木香、青藤香　　　**位　　置：** 百尺回廊

识别要点： 木质藤本。叶片纸质至近革质，长 3~8 厘米，两面被密柔毛至疏柔毛；掌状脉 3 条，稀 5 条。聚伞花序少花，腋生，被柔毛。雄花：小苞片 2 片或 1 片，紧贴花萼，被柔毛；萼片 6 片；花瓣 6 片，长 1~2 毫米，下部边缘内折，顶端二裂，裂片叉开；雄蕊 6 枚，比花瓣短。雌花：萼片和花瓣与雄花相同；退化雄蕊 6 枚，微小；心皮 6 枚，无毛。

主要用途： 为垂直绿化植物。根可以入药，也能用来酿酒。

郑州树木园植物图谱（木本卷）——防己科

豪猪刺 *Berberis julianae* Schneid.

别　　名：拟变缘小檗、三棵针　　　　**位　　置：**紫荆园

识别要点：常绿灌木。茎刺粗壮，三分叉。叶椭圆形，披针形或倒披针形，每边具 10~20 个刺齿。花 10~25 朵簇生；花黄色。小苞片卵形，先端急尖。萼片 2 轮，外萼片卵形，先端急尖；内萼片长圆状椭圆形，先端圆钝。花瓣长圆状椭圆形，先端缺裂，基部缢缩成爪形，具 2 个长圆形腺体；胚珠单生。浆果顶端具宿存花柱，被白粉。

主要用途：根可作黄色染料，也可药用。

日本小檗 *Berberis thunbergii* DC.

别　　名：刺檗、红叶小檗、目木、紫叶小檗　　　　**位　　置**：防火瞭望塔

识别要点：叶倒卵形或菱状卵形，长 1~2 厘米，宽 5~15 毫米，全缘。花 2~5 朵组成具总梗或无总梗的伞形花序；花梗长 5~15 毫米；花黄色；外萼片卵状椭圆形，先端近钝形，带红色；花瓣长圆状倒卵形，先端微凹，基部略呈爪状，具 2 个近靠的腺体；雄蕊长 3~5 毫米，药隔不延伸，顶端平截。浆果椭圆形，亮鲜红色，无宿存花柱。

主要用途：根和茎可提取小檗碱；根皮、枝和叶可入药；茎皮可作黄色染料。

小檗科

十大功劳属

阔叶十大功劳 *Mahonia bealei* (Fort.) Carr.

别　　名：土黄柏、土黄连、八角刺、刺黄柏、黄天竹　　位　　置：木槿园

识别要点：灌木；枝无刺。一回奇数羽状复叶，小叶背面被白粉，具 1~2 个粗锯齿。总状花序直立，通常 3~9 朵簇生；苞片先端钝；花黄色；外萼片卵形，中萼片椭圆形，内萼片长圆状椭圆形；花瓣基部腺体明显，先端微缺；药隔不延伸，顶端圆形至截形；子房长圆状卵形，花柱短，胚珠 3~4 粒。浆果直径 10~12 毫米，被白粉。

主要用途：栽培供观赏。

十大功劳 *Mahonia fortunei* (Lindl.) Fedde

别　　名：细叶十大功劳　　　位　　置：海棠园

识别要点：上面暗绿至深绿色，背面淡黄色，边缘每边具 5~10 个刺齿。总状花序长 3~7 厘米；芽鳞披针形至三角状卵形；苞片卵形，急尖；外萼片卵形，长 1.5~3 毫米，宽约 1.5 毫米，中萼片长圆状椭圆形，长 3.8~5 毫米，宽 2~3 毫米，内萼片长圆状椭圆形；花瓣基部腺体明显，先端微缺裂，裂片急尖。浆果球形，紫黑色，被白粉。

主要用途：全株可药用。

小檗科

南天竹属

南天竹 *Nandina domestica* Thunb.

别　　名：蓝田竹、红天竺　　　位　　置：玉兰园、花博园

识别要点：常绿小灌木。2~3 回三出复叶，小叶全缘。圆锥花序直立，长
20~35 厘米；花小，白色，具芳香；萼片多轮，外轮萼片卵状三角形，
长 1~2 毫米，向内各轮渐大，最内轮萼片卵状长圆形，长 2~4
毫米；花瓣长圆形，先端圆钝；雄蕊 6 枚，长约 3.5 毫米，花丝短，
花药纵裂，药隔延伸。浆果球形，直径 5~8 毫米，熟时鲜红色。

主要用途：可作观赏植物。根和叶可药用。

太行铁线莲 *Clematis kirilowii Maxim.*

别　　名： 黑狗筋、老牛杆、黑老婆秧　　　　**位　　置：** 林韵广场

识别要点： 叶片革质，和花萼干后常变为黑褐色。小叶片或裂片卵形至卵圆形，宽 0.5~4 厘米，基部圆形、截形或楔形。花序梗、花梗有较密短柔毛；花直径 1.5~2.5 厘米；萼片 4~6 片，开展，白色，倒卵状长圆形，长 0.8~1.5 厘米，宽 3~7 毫米，顶端常呈截形而微凹，外面有短柔毛，边缘密生绒毛，内面无毛；雄蕊无毛。

主要用途： 全草可药用。

毛茛科

铁线莲属

绣球藤 *Clematis montana* Buch. -Ham. ex DC.

别　　名：柴木通、淮木通、日花木通　　　**位　　置**：林韵广场

识别要点：木质藤本。茎圆柱形，有纵条纹；小枝有短柔毛，后变无毛；老时外皮剥落。三出复叶，小叶片边缘缺刻状锯齿，顶端三裂或不明显，两面疏生短柔毛。花 1~6 朵，与叶簇生，直径 3~5 厘米；萼片 4 片，开展，外面疏生短柔毛，内面无毛；雄蕊无毛。瘦果扁，卵形或卵圆形，长 4~5 毫米，宽 3~4 毫米，无毛。

主要用途：栽培供观赏。茎藤可入药。

郑州树木园植物图谱

一球悬铃木 *Platanus occidentalis* L.

别　　名: 美国梧桐　　**位　　置:** 全园

识别要点: 叶大,阔卵形,通常3个浅裂,稀为5个浅裂,长度比宽度略小;
基部截形、阔心形,或稍呈楔形;裂片短三角形,宽度远大于长
度,边缘有数个粗大锯齿;上下两面初时被灰黄色绒毛,不久脱
落,上面秃净,下面仅在脉上有毛,掌状脉3条,离基约1厘米;
托叶长于2厘米。花4~6数。果序常单生,稀2个;坚果之间的
毛不突出。

主要用途: 可作行道树和庭园绿化树。

悬铃木科

悬铃木属

二球悬铃木 *Platanus acerifolia* (Aiton) Willd.

别　　名：法国梧桐、英国梧桐　　　　**位　　置：**全园

识别要点：叶阔卵形，上下两面嫩时有灰黄色毛被，以后变秃净，仅在背脉
腋内有毛；基部截形或微心形，上部掌状五裂，有时七裂或三裂；
中央裂片阔三角形；裂片全缘或有1~2个粗大锯齿；掌状脉3条，
稀为5条，常离基部数毫米，或从基部发出；托叶长约1.5厘米。
花4数。果序常为2个，稀1或3个；坚果之间的毛不突出。

主要用途：可作行道树和庭园绿化树。

郑州树木园植物图谱

056 /

三球悬铃木 *Platanus orientalis* L.

别　　名： 法国梧桐、槭叶悬铃木　　　　**位　　置：** 全园

识别要点： 果枝有球状果序 3 个以上。叶大，阔卵形，基部浅三角状心形，
　　　　　　或近于平截，上部掌状 5~7 个裂，稀为 3 个裂，中央裂片深裂过半，
　　　　　　两侧裂片稍短，边缘有少数裂片状粗齿，上下两面初时有灰黄色
　　　　　　毛被，以后脱落，仅在背脉上有毛，掌状脉 5 条或 3 条，从基部
　　　　　　发出；托叶小，短于 1 厘米。花 4 数。坚果之间有突出的绒毛。

主要用途： 可作行道树及观赏树。

黄杨属

黄杨 *Buxus sinica* (Rehd. et Wils.) Cheng

别　　名： 锦熟黄杨、瓜子黄杨、黄杨木　　　**位　　置：** 木瓜园

识别要点： 叶面有侧脉，叶阔椭圆形至长椭圆形，长 1.5~3.5 厘米，宽 0.8~2
厘米。花序腋生，头状，花密集，被毛；苞片阔卵形，背部有毛。
雄花约 10 朵，外萼片卵状椭圆形，内萼片近圆形，雄蕊连花药
长 4 毫米，不育雌蕊有棒状柄，末端膨大。雌花萼片长 3 毫米，
子房较花柱稍长，花柱粗扁，柱头倒心形，下延达花柱中部。

主要用途： 木材可作雕刻、美工、筷子和其他工艺品的用材。

郑州树木园植物图谱

芍药科

芍药属

牡丹 *Paeonia × suffruticosa* Andrews

别　　名：木芍药、百雨金、洛阳花、富贵花　　　　**位　　置：**休闲广场

识别要点：落叶灌木。顶生小叶三裂，侧生小叶不裂或3~4个浅裂，上面绿色，无毛，下面淡绿色，有时具白粉，无毛，叶轴和叶柄均无毛。花单生枝顶，苞片5片，萼片5片，花瓣5片，或为重瓣，玫瑰色、红紫色或粉红色至白色，倒卵形；心皮5枚，稀更多，密生柔毛。蓇葖长圆形，密生黄褐色硬毛。

主要用途：根皮供药用，称"丹皮"。

郑州树木园植物图谱（木本卷）——芍药科

蕈树科

枫香树属

别　　名：路路通、山枫香树　　　位　　置：臭椿种质资源收集圃

识别要点：树皮灰褐色，呈方块状剥落；小枝干后灰色，被柔毛。叶基部心
形，托叶近于游离。雄性短穗状花序常多个排成总状花序，雄蕊
多数，花丝不等长；雌性头状花序有花 24~43 朵，花序柄无腺体，
萼齿 4~7 个，针形，长 4~8 毫米，子房下半部藏在头状花序轴内。
蒴果有尖锐的萼齿，萼齿长 4~8 毫米，头状果序有蒴果 24~43 个。

主要用途：树脂及茎、叶、果实可药用；树脂有香气，亦可用来调配香料。

金缕梅科

蚊母树属

蚊母树 *Distylium racemosum* Sieb. et Zucc.

别　　名: 米心树、蚊母、蚊子树　　　　**位　　置:** 木槿园

识别要点: 芽、叶柄、叶下面有鳞垢。总状花序长约2厘米；花序轴无毛，总苞2~3片，卵形，有鳞垢；苞片披针形，花雌雄同在一个花序上，雌花位于花序的顶端；萼筒短，萼齿大小不相等，被鳞垢；子房有星状绒毛，花柱长6~7毫米。蒴果卵圆形，先端尖，外面有褐色星状绒毛，上半部两片裂开，每片2个浅裂，不具宿存萼筒，果梗短。

主要用途: 可作庭园观赏树。树皮可制栲胶；木材可制家具。

牛鼻栓 *Fortunearia sinensis* Rehd. et Wils.

别　　名：千斤力　　　　位　　置：机器的容器园

识别要点：小枝有星毛。叶倒卵形，羽状脉，叶柄长 4~10 毫米。两性花的
　　　　　总状花序长 4~8 厘米；花序柄和花序轴均有绒毛；苞片披针形，
　　　　　有星毛；萼齿卵形，先端有毛；花瓣狭披针形，比萼齿短；雄蕊
　　　　　近于无柄，花药卵形；花柱长 1.5 毫米，反卷；花梗有星毛。果
　　　　　具明显小瘤状皮孔，有柄，先端伸直，尖锐。

主要用途：种子可榨油。

檵木 *Loropetalum chinense* (R. Br.) Oliver

别　　名：白花檵木、白彩木、继木、大叶檵木　　**位　　置：**怡馨亭

识别要点：叶长 2~5 厘米，上面常有粗毛，全缘，先端短尖，第一对侧脉无
　　　　　第二次分枝侧脉。花 3~8 朵簇生，有短花梗，白色，花序柄长约
　　　　　1 厘米，被毛；苞片线形；萼筒杯状，被星毛，萼齿卵形，花后
　　　　　脱落；花瓣 4 片，带状；雄蕊 4 枚，花丝极短，药隔突出成角状；
　　　　　退化雄蕊 4 枚，鳞片状；子房完全下位，被星毛。果序近头状。

主要用途：根、叶、花和果均可药用。

红花檵木 *Loropetalum chinense var. rubrum* Yieh

别　　名：红檵花、红桎木、红檵木、红花继木　　　　位　　置：紫荆园

识别要点：嫩枝红褐色。叶基部圆而偏斜，不对称，两面均有星状毛，暗红色。花3~8朵簇生，有短花梗，紫红色，花序柄长约1厘米，被毛；苞片线形；萼筒杯状，被星毛，萼齿卵形，花后脱落；花瓣4片，带状；雄蕊4枚，花丝极短，药隔突出成角状；退化雄蕊4枚，鳞片状；子房完全下位，被星毛。果序近头状。

主要用途：可用于桩景造型、盆景等。

水丝梨 *Sycopsis sinensis* Oliv.

别　　名： 假蚊母　　　　**位　　置：** 海棠园、木槿园

识别要点： 叶长卵形或披针形。雄花穗状密集，近头状，萼筒极短，萼齿细小，卵形；雄蕊 10~11 枚，花丝纤细，花药长 2 毫米，先端尖锐，红色；退化雌蕊有丝毛，花柱长 3~5 毫米，反卷；雌花或两性花 6~14 朵排成穗状；总苞卵圆形；萼筒壶形，有丝毛；子房上位，有毛。果有长丝毛，宿存萼筒被鳞垢。

主要用途： 可作庭园观赏树。

乌头叶蛇葡萄 *Ampelopsis aconitifolia* Bunge

蛇葡萄属

别　　名：马葡萄、草白蔹、乌头叶白蔹、附子蛇葡萄　　**位　　置：**海棠园

识别要点：叶为掌状 5 片小叶，小叶 3~5 个羽裂，披针形或菱状披针形。疏散的伞房状复二歧聚伞花序，通常与叶对生或假顶生；花瓣 5 片，卵圆形，无毛；雄蕊 5 枚；花盘发达，边缘呈波状；子房下部与花盘合生，花柱钻形，柱头扩大不明显。种子倒卵圆形，顶端圆形，基部有短喙，种脊向上渐狭呈带状，腹部中棱脊微突出，两侧洼穴呈沟状。

主要用途：根皮可药用。

蛇葡萄属

蓝果蛇葡萄 *Ampelopsis bodinieri* (Levl. et Vant.) Rehd.

别　　名： 闪光蛇葡萄、蛇葡萄　　　　**位　　置：** 百尺回廊

识别要点： 小枝和叶无毛；叶不分裂或不明显 3 个浅裂，下部叶呈五角形，
　　　　　　 上部叶常为三角形或卵形，下面苍白色，叶片上部两侧裂片较短
　　　　　　 或不明显，绝不外展。花序为复二歧聚伞花序，疏散；花蕾椭圆
　　　　　　 形；萼浅碟形，萼齿不明显，边缘呈波状，外面无毛；花瓣 5 片；
　　　　　　 雄蕊 5 枚，花丝丝状，花药黄色；花盘明显，5 个浅裂；子房圆
　　　　　　 锥形，花柱明显，基部略粗。

主要用途： 根皮可入药。

郑州树木园植物图谱（木本卷）——葡萄科

五叶地锦 *Parthenocissus quinquefolia* (L.) Planch.

别　　名：美国地锦、美国爬山虎　　　　　**位　　置：**防火瞭望塔

识别要点：木质藤本，全株无毛。叶为掌状 5 片小叶，卷须嫩时顶端细尖且微卷曲；嫩芽为红色或淡红色。花序假顶生形成主轴明显的圆锥状多歧聚伞花序；花序梗、花梗均无毛；花蕾椭圆形，顶端圆形；萼碟形，全缘；花瓣 5 片；雄蕊 5 枚，花丝长 0.6~0.8 毫米；花盘不明显；子房卵锥形，渐狭至花柱，或后期花柱基部略微缩小，柱头不扩大。

主要用途：可作城市垂直绿化树。

葡萄科

地锦属

地锦 *Parthenocissus tricuspidata* (Siebold & Zucc.) Planch.

别　　名：爬墙虎、铺地锦、地锦草、爬山虎　　　**位　　置：**防火瞭望塔

识别要点：老枝无木栓翅；小枝无毛或嫩枝被极为稀疏的柔毛。单叶常 3 个浅裂，有时幼枝上 3 个全裂成三出复叶，叶柄和叶片无毛或叶下面脉上被稀疏短柔毛。花序着生在短枝上，基部分枝，形成多歧聚伞花序，主轴不明显；萼碟形，无毛；花瓣 5 片；雄蕊 5 枚，花药长椭圆卵形，花盘不明显；子房椭球形，花柱明显，基部粗，柱头不扩大。

主要用途：可作垂直绿化植物。根可入药。

豆科

合欢属

合欢 *Albizia julibrissin* Durazz.

别　　名： 马缨花、绒花树、夜合合、合昏、鸟绒树　　**位　　置：** 防火瞭望塔

识别要点： 叶羽片 4~12 对，栽培的有时达 20 对；小叶长 6~12 毫米，宽 1~4 毫米，叶仅具缘毛，中脉紧靠上边缘。头状花序于枝顶排成圆锥花序；花粉红色；花萼管状；花冠长 6.5~8 毫米；雄蕊长 2.5 厘米，连合呈管状；花萼、花冠外均被短柔毛。荚果带状，嫩荚有柔毛，老荚无毛。

主要用途： 常作城市行道树、观赏树。木材可用于制作家具；嫩叶可食，老叶可用于洗衣服；树皮供药用，有驱虫之效。

郑州树木园植物图谱

山槐 *Albizia kalkora* (Roxb.) Prain

别　　名： 马缨花、白夜合、山合欢、滇合欢　　　　**位　　置：** 桐之韵广场

识别要点： 叶羽片 2~4 对；小叶长 1.8~4.5 厘米，宽 0.7~2 厘米，两面均被短柔毛；腺体密被黄褐色或灰白色短绒毛。花初白色，后变黄，具明显的小花梗；花萼管状，5 个齿裂；花冠中部以下连合呈管状，裂片披针形，花萼、花冠均密被长柔毛；雄蕊基部连合呈管状。

主要用途： 树皮可提取栲胶，制作人造棉及纸浆；种子可榨油；根及树皮可药用；花可催眠。

紫穗槐 *Amorpha fruticosa* L.

紫穗槐属

别　　名：槐树、紫槐、棉槐、棉条、椒条　　　**位　　置：**防火瞭望塔

识别要点：落叶灌木，植株无丁字毛。叶下面具黑色腺点。穗状花序常 1 至数个顶生和枝端腋生，长 7~15 厘米，密被短柔毛；花有短梗；萼齿三角形，较萼筒短；旗瓣心形，紫色，无翼瓣和龙骨瓣；雄蕊 10 枚，下部合生成鞘，上部分裂，伸出花冠外。荚果内有 1 粒种子。

主要用途：为蜜源植物，栽植于河岸、河堤、沙地、山坡及铁路沿线，有护堤、防风固沙的作用。枝叶可作绿肥、家畜饲料；茎皮可提取栲胶，枝条可编制篓筐；种子可作油漆、甘油和润滑油之原料。

筭子梢 *Campylotropis macrocarpa* (Bunge) Rehder

筭子梢属

别　　名： 杭子梢、多花杭子梢　　　　　　**位　　置：** 揽胜亭、林韵广场

识别要点： 小叶长 3~7 厘米，无毛或近无毛。花冠紫红色或近粉红色，旗瓣椭圆形、倒卵形或近长圆形等，近基部狭窄，翼瓣微短于旗瓣或等长，龙骨瓣呈直角或微钝角内弯；子房和荚果无毛而仅沿腹缝线边缘有短睫毛。果柄长 1~1.4 毫米，稀有超过 1.4 毫米而达 1.8 毫米。

主要用途： 为营造防护林与混交林的树种，可起到固氮、改良土壤的作用；为蜜源植物。枝条可供编织；叶及嫩枝可作绿肥饲料。

豆科

紫荆属

加拿大紫荆 *Cercis canadensis* L.

别　　名： 东部紫荆、犹大树　　　　**位　　置：** 紫荆园、南门

识别要点： 乔木，树干灰黑色。叶片心形或宽卵形，先端急尖，基部截形、浅心形至心形。花常先于叶开放，嫩枝及幼株上的花与叶同时开放；花梗细柔，长 3~12 毫米；小苞片 2 片，长卵形；花萼暗红色，萼齿 5 个。荚果长椭圆形，扁平，长 5~8 厘米，宽 1~1.2 厘米，沿腹缝线有狭翅，网脉明显。

主要用途： 可用于道路、庭园绿化。

郑州树木园植物图谱

白花紫荆 *Cercis chinensis* 'Alba'

紫荆属

别　　名： 短毛紫荆　　**位　　置：** 紫荆园

识别要点： 幼枝和叶柄均无毛；叶下面通常无毛或沿脉上被短柔毛。花白色，簇生于老枝和主干上，主干上花束较多，越到上部幼嫩枝条花越少，花通常先于叶开放，但嫩枝或幼株上的花与叶同时开放；花蕾幼时光亮无毛，后期则密被短柔毛。荚果扁狭长形，先端急尖或短渐尖，喙细而弯曲。

主要用途： 为木本花卉植物。树皮和花均可入药。

豆科

紫荆属

紫荆 *Cercis chinensis* Bunge

别　名： 紫珠、裸枝树、满条红　　　　**位　置：** 紫荆园、玉兰园

识别要点： 幼枝和叶柄均无毛；叶下面通常无毛或沿脉上被短柔毛。花紫红色或粉红色，簇生于老枝和主干上，主干上花束较多，越到上部幼嫩枝条花越少，花通常先于叶开放，但嫩枝或幼株上的花与叶同时开放；龙骨瓣基部具深紫色斑纹；花蕾幼时光亮无毛，后期则密被短柔毛。荚果扁狭长形，先端急尖或短渐尖，喙细而弯曲。

主要用途： 为木本花卉植物。树皮和花均可入药。

湖北紫荆 *Cercis glabra* Pamp.

别　　名： 云南紫荆、乌桑树、箩筐树　　　　**位　　置：** 紫荆园

识别要点： 乔木。叶心脏形或三角状圆形，幼叶常呈紫红色，成长后呈绿色，下面无毛或仅于基部脉腋间有少数簇生柔毛。总状花序总轴长0.5~1厘米；花淡紫红色或粉红色，先于叶开放或与叶同时开放；花梗细长，长1~2.3厘米。荚果狭长圆形，紫红色，翅宽约2毫米，先端渐尖，基部圆钝，二缝线不等长，背缝稍长，向外弯拱。

主要用途： 可作庭园树。

皂荚 *Gleditsia sinensis* Lam.

别　　名：刀皂、牙皂、猪牙皂、皂荚树、皂角　　　　**位　　置：**枣园

识别要点：棘刺圆柱形；小叶长 2~8.5 厘米，上面网脉明显凸起，具细密锯齿。子房于缝线处和基部被柔毛。花杂性，黄白色，组成总状花序；花序腋生或顶生，长 5~14 厘米，被短柔毛。荚果肥厚，不扭转，劲直或指状稍弯呈猪牙状。

皂荚属

主要用途：木材可制车辆、家具等；荚果用以洗涤丝毛织物；嫩芽可用油盐调食，其子煮熟糖渍可食；荚、子、刺均可入药。

豆科

美国皂荚 *Gleditsia triacanthos* L.

皂荚属

别　　名：三刺皂荚、三刺皂角　　　　位　　置：防火瞭望塔

识别要点：刺略扁，粗壮，深褐色，常分枝，少数无刺。雄花单生或数朵簇
生组成总状花序；花瓣 3~4 片，与萼片两面均被短柔毛；雌花总
状花序，花较少，花序常单生；子房被灰白色绒毛。荚果带形，
扁平，镰刀状弯曲或不规则旋扭，果瓣薄而粗糙，暗褐色，被疏
柔毛。

主要用途：常栽培供观赏，也作绿篱和行道树。荚果可作饲料；木材坚实，
可作建筑、车辆、支柱等的用材。

多花木蓝 *Indigofera amblyantha* Craib

木蓝属

别　　名： 多花木兰　　　　**位　　置：** 金水月季园

识别要点： 直立灌木，少分枝。小叶 3~4（5）对，长 1~3.7（6.5）厘米，宽 1~2 厘米，与叶柄均被平贴丁字毛。总状花序，腋生；花序短于叶，长 11（15）厘米；总花梗短于叶柄；花短于 1 厘米；花冠淡红色，旗瓣倒阔卵形，长 6~6.5 毫米，先端螺壳状，瓣柄短，外面被毛，翼瓣长约 7 毫米，龙骨瓣较翼瓣短。荚果长 3.5~6（7）厘米。

主要用途： 全草可入药。

豆科

胡枝子属

大叶胡枝子 *Lespedeza davidii* Franch.

别　　名：大叶乌梢、大叶马料梢、活血丹　　　　**位　　置：**紫叶李园

识别要点：植株粗壮，具明显条棱。小叶宽卵形或宽倒卵形，顶生小叶长
4~7厘米，宽2.5~4厘米，小叶两面密被黄白色绢毛。花红紫色；
旗瓣倒卵状长圆形，顶端圆或微凹，基部具耳和短柄，翼瓣狭长
圆形，比旗瓣和龙骨瓣短，基部具弯钩形耳和细长瓣柄，龙骨
瓣与旗瓣近等长，基部有明显的耳和柄；子房密被毛。荚果密
被绢毛。

主要用途：可为混交防护林带的下木，是理想的防风固沙灌木。

豆科

胡枝子属

兴安胡枝子 *Lespedeza davurica* (Laxm.) Schindl.

别　　名：毛果胡枝子、达呼尔胡枝子、达呼里胡枝子　**位　　置：**阳台园

识别要点：茎单一或数个簇生。顶生小叶披针状长圆形。总状花序较叶短或与叶等长；花序梗密被短柔毛；花萼 5 个深裂，裂片披针形，与花冠近等长；花冠白色或黄白色，旗瓣长圆形，长约 1 厘米，中部稍带紫色，具瓣柄，翼瓣长圆形，较短，龙骨瓣较翼瓣长，先端圆；闭锁花生于叶腋，结实。果包含于宿存花萼中。

主要用途：为良等饲用植物。全草可入药。

豆科

胡枝子属

阴山胡枝子 *Lespedeza inschanica* (Maxim.) Schindl.

别　　名：白指甲花　　　　**位　　置：**揽胜亭

识别要点：小叶长圆形或倒卵状长圆形，长 1~2（2.5）厘米，宽 0.5~1（1.5）厘米。总状花序腋生，与叶近等长，具 2~6 朵花；小苞片背面密被伏毛，边有缘毛；花萼 5 个深裂，前方 2 片裂片分裂较浅，裂片披针形，具明显 3 条脉及缘毛；花冠白色，旗瓣近圆形，先端微凹，基部带大紫斑，花期反卷，翼瓣长圆形，龙骨瓣先端带紫色。

主要用途：为优良的荒山绿化和水土保持植物。全株可药用。

刺槐 *Robinia pseudoacacia* L.

别　　名： 洋槐、槐花　　　　**位　　置：** 林海小屋

识别要点： 小枝、花序轴、花梗被平伏细柔毛。具托叶，小叶长椭圆形。花冠白色，各瓣均具瓣柄，旗瓣近圆形，先端凹缺，基部圆，反折，内有黄斑，翼瓣斜倒卵形，与旗瓣近等长，基部一侧具圆耳，龙骨瓣镰状，三角形，与翼瓣等长或比翼瓣稍短；雄蕊二体；子房线形，无毛；花柱钻形，上弯，顶端具毛，柱头顶生。荚果平滑。

主要用途： 为速生薪炭林树种，为蜜源植物。木材可作枕木、建筑、矿柱等的用材。

刺槐属

香花槐 *Robinia pseudoacacia* 'idaho'

别　　名：富贵树　　　　位　　置：海棠园

识别要点：小枝、花序轴、花梗被平伏细柔毛。小叶长椭圆形。密生成总状
　　　　　花序，作下垂状；花被红色，有浓郁的芳香气味，各瓣均具瓣柄，
　　　　　旗瓣近圆形，先端凹缺，基部圆，反折，内有黄斑，翼瓣斜倒卵形，
　　　　　与旗瓣近等长，基部一侧具圆耳，龙骨瓣镰状，三角形，与翼瓣等
　　　　　长或比翼瓣稍短；雄蕊二体；子房线形，无毛；花柱钻形，上弯。

主要用途：栽培供观赏，为蜜源植物。

白刺花 *Sophora davidii* (Franch.) Skeels

苦参属

别　　名：苦刺花、白刻针、马蹄针、狼牙刺、狼牙槐　　**位　　置：**花博园入口

识别要点：灌木，枝和茎近无毛。小叶 11~21 片，下面与叶轴疏被短柔毛；托叶有时部分变刺。总状花序，花长约 1.5 厘米；花冠白色或淡黄色，旗瓣倒卵状长圆形，基部具细长柄，柄与瓣片近等长，反折，翼瓣与旗瓣等长，单侧生，具一锐尖耳，具海绵状褶皱，龙骨瓣比翼瓣稍短，具锐三角形耳；雄蕊 10 枚，等长。荚果非典型串珠状，稍压扁。

主要用途：本种耐旱性强，是水土保持树种之一，也可供观赏。

槐 *Styphnolobium japonicum* (L.) Schott

豆科

槐属

别　　名：蝴蝶槐、国槐、豆槐、槐花木、守宫槐、槐树　　**位　　置**：国槐园

识别要点：乔木无刺。当年生枝绿色，枝和叶疏被伏毛。叶柄基部膨大，具托叶和小托叶。圆锥花序顶生，常呈金字塔形；花梗比花萼短；小苞片 2 片，形似小托叶；花萼浅钟状，萼齿 5 个；花冠白色或淡黄色，旗瓣具短柄，有紫色脉纹，翼瓣基部斜戟形，无褶皱，龙骨瓣与翼瓣等长；雄蕊近分离，宿存；子房近无毛。荚果串珠状。

主要用途：为蜜源植物。树皮、叶、花和荚果可入药；木材为建筑用材。

龙爪槐 *Styphnolobium japonicum* 'Pendula'

槐属

别　　名: 垂槐、盘槐　　　　**位　　置:** 曲枝园

识别要点: 乔木无刺。枝和小枝均下垂,并向不同方向弯曲盘悬,形似龙爪。枝和叶疏被伏毛。叶柄基部膨大,具托叶和小托叶。圆锥花序顶生;花梗比花萼短;小苞片 2 片,形似小托叶;花冠白色或淡黄色,旗瓣具短柄,有紫色脉纹,翼瓣基部斜戟形,无褶皱,龙骨瓣与翼瓣等长;雄蕊近分离,宿存;子房近无毛。荚果串珠状。

主要用途: 叶、花可供观赏,其姿态优美,是优良的园林树种。

紫藤 *Wisteria sinensis* (Sims) DC.

豆科

紫藤属

别　　名： 紫藤萝　　**位　　置：** 阳台园、防火瞭望塔

识别要点： 茎左旋。小叶 3~6 对，宽 2~4 厘米。花紫色，上下同时开放，长 2~2.5 厘米；花梗长 2~3 厘米；旗瓣圆形，先端略凹陷，花开后反折，基部有二胼胝体，翼瓣长圆形，基部圆，龙骨瓣较翼瓣短，阔镰形，子房线形，密被绒毛，花柱无毛，上弯，胚珠 6~8 粒。荚果倒披针形，密被绒毛，悬垂枝上不脱落，有种子 1~3 粒。

主要用途： 为庭园棚架植物。花先于叶开放，紫穗满垂缀以稀疏嫩叶，十分优美。

蔷薇科

木瓜海棠属

木瓜海棠 *Chaenomeles cathayensis* (Hemsl.) Schneid.

别　　名：木桃、毛叶木瓜　　　位　　置：海棠园

识别要点：枝有刺，小枝平滑。叶卵形至长椭圆形，幼时下面无毛或有短柔毛，有尖锐锯齿；托叶草质。花簇生；花瓣倒卵形或近圆形，淡红色或白色；雄蕊45~50枚，长约花瓣之半；花柱5枚，基部合生，下半部被柔毛或绵毛，柱头头状。果直径4~6厘米。

主要用途：果实入药可作木瓜的代用品。各地习见栽培，耐寒力不及木瓜和皱皮木瓜。

日本海棠 *Chaenomeles japonica* (Thunb.) Lindl. ex Spach

木瓜海棠属

别　　名：和圆子、倭海棠、日本木瓜　　　　**位　　置：**海棠园

识别要点：枝有刺，粗糙，二年生，枝有疣状突起。叶片倒卵形至匙形，下面无毛，叶边有圆钝锯齿，托叶草质。花簇生；花瓣倒卵形或近圆形，基部延伸成短爪，长约 2 厘米，宽约 1.5 厘米，砖红色；雄蕊 40~60 枚，长约花瓣之半；花柱 5 枚，基部合生，无毛，柱头头状。果实直径 3~4 厘米，黄色，萼片脱落。

主要用途：庭园习见栽培，供观赏用。

蔷薇科

木瓜海棠属

贴梗海棠 *Chaenomeles speciosa* (Sweet) Nakai

别　　名：铁脚梨、贴梗木瓜、楸、皱皮木瓜　　**位　　置：**海棠园、桩景园

识别要点：枝有刺，小枝平滑。叶椭圆形或披针形，幼时下面密被褐色绒毛，有刺芒状锯齿；托叶草质。花簇生；花瓣倒卵形或近圆形，基部延伸成短爪，长 10~15 毫米，宽 8~13 毫米，猩红色，稀淡红色或白色；雄蕊 45~50 枚，长约花瓣之半；花柱 5 枚，基部合生，无毛或稍有毛，柱头头状，有不明显分裂，约与雄蕊等长。果实直径 6~7 厘米。

主要用途：各地习见栽培。枝密多刺可作绿篱，果实干制后可入药。

野山楂 *Crataegus cuneata* Sieb. et Zucc.

别　　名：山梨、猴楂、浮萍果、红果子、牧虎梨　　　　**位　　置：**红叶园

识别要点：叶宽，倒卵形至倒卵长圆形，基部楔形，顶端有缺刻或3~7个浅裂，下面具稀疏柔毛。花序被毛；托叶和苞片草质；萼筒钟状，外被长柔毛，萼片三角卵形，约与萼筒等长，内外两面均具柔毛；花瓣近圆形或倒卵形，长6~7毫米，白色，基部有短爪；雄蕊20枚；花药红色；花柱4~5枚，基部被绒毛。果小核4~5个，内面两侧平滑。

主要用途：果可生食、酿酒或制果酱，亦可入药；嫩叶可以代茶；茎叶可入药。

湖北山楂 *Crataegus hupehensis Sarg.*

山楂属

别　　名：大山枣、酸枣、猴楂子　　　　**位　　置：**红叶园

识别要点：枝条开展，小枝无毛，紫褐色，有疏生浅褐色皮孔。叶边缘有圆钝锯齿，上半部具 2~4 对浅裂片。伞房花序，花多；总花梗和花梗均无毛；花直径约 1 厘米；萼筒钟状，外面无毛；萼片三角卵形，全缘，稍短于萼筒，内外两面皆无毛；花瓣卵形，白色；雄蕊 20 枚，花药紫色，比花瓣稍短；花柱 5 枚，基部被白色绒毛，柱头头状。

主要用途：果可食或制作山楂糕，亦可酿酒。

华中山楂 *Crataegus wilsonii* Sarg.

别　　名： 猴爪子、木猴梨　　　　**位　　置：** 红叶园

识别要点： 落叶灌木，刺粗壮，光滑。小枝稍有棱角，当年生枝被白色柔毛。叶边缘有尖锐锯齿。伞房花序具多花；总花梗和花梗均被白色绒毛；萼筒钟状；萼片卵形或三角卵形，稍短于萼筒，边缘具齿，外面被柔毛；花瓣近圆形，白色；雄蕊 20 枚，花药玫瑰紫色；花柱 2~3 枚，稀 1 枚，基部有白色绒毛，比雄蕊稍短。果实肉质，外面光滑无毛。

主要用途： 果可食或制作山楂片、山楂糕、山楂酱、糖果、蜜饯、糖葫芦，亦可酿酒。

蔷薇科

枇杷属

枇杷 *Eriobotrya japonica* (Thunb.) Lindl.

别　　名：卢桔、卢橘、金丸　　　　**位　　置：**海棠园、桐之韵广场

识别要点：叶披针形、倒披针形、倒卵形或长椭圆形，长 12~30 厘米，宽 3~9 厘米，上面多褶皱，下面密生灰棕色绒毛，不脱落，边有疏锯齿。花瓣白色，基部具爪，有锈色绒毛；雄蕊 20 枚，花丝基部扩展；花柱 5 枚，离生，子房顶端有锈色柔毛，5 室。果实球形，黄色或橘黄色。

主要用途：为观赏树木和果树。果可生食、做蜜饯或酿酒；叶可药用；木材可制作木梳、手杖、农具柄等。

棣棠花属

棣棠 *Kerria japonica* (L.) DC.

别　　名：鸡蛋黄花、山吹、棣棠花　　　　**位　　置：**林韵广场

识别要点：落叶灌木，高 1~2 米；小枝绿色，圆柱形，无毛，常拱垂，嫩枝
有棱角。单叶互生，托叶钻形早落。单花，着生在当年生侧枝顶
端，花梗无毛；花直径 2.5~6 厘米；萼片卵状椭圆形，顶端急尖，
有小尖头，全缘，无毛，果时宿存；花瓣黄色，宽椭圆形，顶端
下凹，比萼片长 1~4 倍。瘦果倒卵形至半球形，有宿存萼片。

主要用途：可供庭园绿化和药用。茎髓可作为通草代用品入药。

重瓣棣棠花 Kerria japonica (L.) DC. f. pleniflora (Witte) Rehd.

棣棠花属

别　名： 土黄条　　　　**位　置：** 花博大道

识别要点： 落叶灌木，高 1~2 米；小枝绿色，圆柱形，无毛，常拱垂，嫩枝有棱角。单叶互生，托叶钻形早落。花单生，重瓣，着生在当年生侧枝顶端，花梗无毛；花直径 2.5~6 厘米；萼片卵状椭圆形，顶端急尖，有小尖头，全缘，无毛，果时宿存；花瓣黄色，宽椭圆形，顶端下凹，比萼片长 1~4 倍。瘦果倒卵形至半球形，有宿存萼片。

主要用途： 栽培供观赏。

垂丝海棠 *Malus halliana* Koehne

苹果属

别　　名： 解语花、锦带花　　　　**位　　置：** 蝶恋花广场

识别要点： 枝有树冠开展，嫩枝、嫩叶均带紫红色。叶边有圆钝细锯齿。萼片三角状卵形，先端圆钝，与萼筒等长或比萼筒稍短；花瓣倒卵形，长约 1.5 厘米，基部有短爪，粉红色，常在 5 数以上；雄蕊 20~25 枚，花丝长短不齐，约为花瓣之半；花柱 4 枚或 5 枚，较雄蕊为长，基部有长绒毛，顶花有时缺少雌蕊。果实梨形或倒卵形。

主要用途： 栽培供观赏。

湖北海棠 *Malus hupehensis* (Pamp.) Rehder

苹果属

别　　名：小石枣、茶海棠、花红茶、野花红、野海棠　　**位　　置：**海棠园

识别要点：嫩叶、花萼和花梗带紫红色，叶边有细锐锯齿。萼片三角状卵形，先端渐尖或急尖，与萼筒等长或比萼筒稍短；花瓣倒卵形，长约1.5厘米，基部有短爪，粉白色或近白色；雄蕊20枚，花丝长短不齐，约为花瓣之半；花柱3枚，稀4枚，基部有长绒毛，较雄蕊稍长。果实椭圆形或近球形，萼片脱落。

主要用途：为观赏树种。分根萌蘖可作为苹果砧木；嫩叶晒干可作茶叶代用品。

红宝石海棠 *Malus × micromalus* 'Ruby'

别　　名： 红叶海棠　　　　**位　　置：** 海棠园

苹果属

识别要点： 小乔木。树干及主枝直立，小枝纤细。树皮棕红色，树皮块状剥落。叶长椭圆形，锯齿尖，先端渐尖，密被柔毛，新生叶鲜红色，叶面光滑，后由红变绿，整个生长季节红绿交织。花为伞形总状花序，花蕾粉红色，花瓣呈粉红色至玫瑰红色，多为 5 片以上，半重瓣或者重瓣，花瓣较小，初开皱缩。果实亮红色。

主要用途： 为著名观赏树种。

蔷薇科

苹果属

丰盛海棠 *Malus* 'Profusion'

别　　名：海棠花　　　　**位　　置：**海棠园

识别要点：落叶乔木。叶幼时被疏柔毛，沿叶脉较密，后无毛，叶片铜绿色，秋季柠檬黄；叶柄被疏柔毛。花深粉色，花量极大；花瓣倒卵形，长约 1.5 厘米，褶皱，基部有短爪；雄蕊 20 枚，花丝长短不齐，不超出花瓣之半；花柱 4 枚，基部有长绒毛，子房被密柔毛。果椭圆形或近球形，深红色。

主要用途：为优良的绿化树种、观赏树种。

苹果 *Malus pumila* Mill.

别　　名：西洋苹果、柰　　　　位　　　置：林韵广场南侧

识别要点：冬芽及幼嫩叶片密被短柔毛。叶边有圆钝锯齿。萼片先端渐尖，
　　　　　比萼筒长；花瓣倒卵形，长 15~18 毫米，基部具短爪，白色，含
　　　　　苞未放时带粉红色；雄蕊 20 枚，花丝长短不齐，约等于花瓣之
　　　　　半；花柱 5 枚，下半部密被灰白色绒毛，较雄蕊稍长。果径在 2
　　　　　厘米以上，先端常有隆起，萼洼下陷，萼片永存。

主要用途：为著名落叶果树，经济价值很高。

八棱海棠 *Malus × robusta* (CarriŠre) Rehder

别　　名： 怀来海棠、扁棱海棠、海红　　　　　**位　　置：** 海棠园

识别要点： 嫩枝褐色或红褐色。叶卵圆或椭圆形。花 3~6 朵成伞形花序，
花于叶后开放；花瓣椭圆或倒卵圆形；花梗被短柔毛，长约 3.5
厘米；萼片长披针形，里面密被柔毛，外面仅被疏毛或无毛；
萼筒钟状或漏斗状，外面被短桑毛，花柱 5 枚，基部密被短柔毛。
果实扁圆，顶部和基部通常有不规则纵棱。

主要用途： 常作观赏树种。果实可食。

苹果属

海棠花 *Malus spectabilis* (Aiton) Borkh.

别　　名：海棠、日本海棠　　　　位　　置：海棠园

识别要点：叶片基部宽楔形或近圆形；叶柄长 1.5~2 厘米。花序近伞形，有花 4~6 朵，花梗长 2~3 厘米，被柔毛；苞片膜质，披针形，早落；萼片三角卵形，先端急尖，全缘，内面密被白色绒毛，萼片比萼筒稍短；花单瓣，白色；花柱 5 枚，稀 4 枚，基部被白色绒毛，比雄蕊稍长。果实黄色，基部不下陷，梗洼隆起，萼片宿存；果梗细长。

主要用途：为著名观赏树种。

重瓣粉红海棠花 *Malus spectabilis var. riversii* (Kirchn.) Rehd.

苹果属

别　　名：重瓣粉海棠　　　　　**位　　置：**海棠园

识别要点：叶片基部宽楔形或近圆形；叶柄长 1.5~2 厘米。花序近伞形，有花 4~6 朵，花梗长 2~3 厘米，被柔毛；苞片膜质，披针形，早落；萼片三角卵形，先端急尖，全缘，内面密被白色绒毛，萼片比萼筒稍短；花重瓣，粉红色；花柱 5 枚，稀 4 枚，基部被白色绒毛，比雄蕊稍长。果实黄色，基部不下陷，梗洼隆起，萼片宿存；果梗细长。

主要用途：为著名观赏树种。

绣线梅 *Neillia thyrsiflora* D. Don

绣线梅属

别　　名： 复序南梨　　　　**位　　置：** 海棠园

识别要点： 小枝、叶柄及叶片微被柔毛或近于无毛。顶生圆锥花序；总花梗
和花梗均微被柔毛；苞片小，卵状披针形，内外被毛；萼筒钟
状，外面微被短柔毛；萼片三角形，先端尾尖，约与萼筒等长，
内外两面微被短柔毛；花瓣倒卵形，白色，长约 2 毫米；雄蕊
10~15 枚，花丝短，着生在萼筒边缘；子房无毛或在缝上微被毛，
内含胚珠（8）10~12 粒。

主要用途： 栽培供观赏。

贵州石楠 *Photinia bodinieri* Lévl.

石楠属

别　　名：山官木、凿树、水红树花、椤木石楠　　　　**位　　置：**南二门

识别要点：叶长圆形、倒披针形，或稀为椭圆形，先端急尖或渐尖，边缘有
　　　　　　细锯齿；叶柄长 0.8~1.5 厘米。复伞房花序顶生，直径约 5 厘米，
　　　　　　总花梗和花梗被柔毛；花直径约 1 厘米；萼筒杯状，被柔毛；萼
　　　　　　片三角形，长 1 毫米，先端急尖或钝，外面被柔毛；花瓣白色，
　　　　　　近圆形，先端微缺，无毛；雄蕊 20 枚，较花瓣稍短；花柱 2~3 枚，
　　　　　　合生。

主要用途：可作庭园绿化树；木材可制作农具。

蔷薇科

石楠属

红叶石楠 *Photinia × fraseri* Dress

别　　名：火焰红、千年红、红罗宾、红唇、酸叶树　　　　位　　置：全园

识别要点：常绿小乔木或灌木，树干及枝条上有刺。幼枝呈棕色，贴生短毛，后呈紫褐色，最后呈灰色无毛。叶长椭圆形或倒卵状椭圆形，互生，革质，叶片表面的角质层非常厚，叶缘有带腺的锯齿，春秋两季，新梢和嫩叶火红。花多而密，呈顶生复伞房花序；花白色，直径6~8毫米。果球形，直径5~6毫米，红色或褐紫色。

主要用途：常作为行道树、绿篱和景观树。

郑州树木园植物图谱（木本卷）——蔷薇科

球花石楠 *Photinia glomerata* Rehd. et Wils.

别　　名：扇骨木　　　　位　　置：海棠园

识别要点：幼枝密生黄色绒毛，老枝无毛，紫褐色。叶常绿，基部常偏斜，
　　　　　具内弯腺锯齿。花多数，密集成顶生复伞房花序，有香味；总花
　　　　　梗、花梗和萼筒外面皆密生黄色绒毛；萼片卵形，外面有绒毛；
　　　　　花瓣白色，直径2~2.5毫米，先端圆钝，内面被疏毛，基部有短爪；
　　　　　雄蕊20枚，和花瓣约等长；花柱2枚，合生达中部，子房顶端
　　　　　密生绒毛。

主要用途：常作为庭荫树或绿篱。

蔷薇科

石楠属

石楠 *Photinia serratifolia* (Desf.) Kalkman

别　　名：千年红、凿木、中华石楠　　　　　**位　　置：**全园

识别要点：叶常绿，长椭圆形、长倒卵形或倒卵状椭圆形，边缘有疏生具腺
细锯齿；叶柄长 2~4 厘米。花序复伞房状，无毛或疏生柔毛；总
花梗和花梗果期无疣点；花柱 2 枚，有时为 3 枚，基部合生，柱
头头状，子房顶端有柔毛。果实球形，红色，后成褐紫色。

主要用途：常见的栽培树种，可作枇杷的砧木。木材可制车轮及器具柄；叶
和根供药用；种子可制油漆、肥皂或润滑油。

郑州树木园植物图谱（木本卷）——蔷薇科

杏 *Prunus armeniaca* L.

别　　名： 杏花、杏树　　　　**位　　置：** 童趣园

识别要点： 乔木，高 5~8（12）米。小枝浅红褐色。叶边有圆钝锯齿，先端
急尖至短渐尖。花单生，先于叶开放；花梗短，被短柔毛；花萼
紫绿色；萼筒圆筒形，外面基部被短柔毛；萼片卵形至卵状长圆
形，先端急尖或圆钝，花后反折；花瓣圆形至倒卵形，具短爪；
雄蕊 20~45 枚，稍短于花瓣；子房被短柔毛。果肉多汁，不开裂。

主要用途： 种仁（杏仁）可入药。

李属

李属

野杏 *Prunus armeniaca var. ansu* Maxim.

别　　名：山杏　　　　位　　置：花博园

识别要点：乔木，高 5~8（12）米。小枝浅红褐色。叶片基部楔形或宽楔形，先端急尖至短渐尖。花常 2 朵，淡红色；花梗短，被短柔毛；花萼紫绿色；萼筒圆筒形，外面基部被短柔毛；萼片卵形至卵状长圆形，先端急尖或圆钝，花后反折；花瓣具短爪；雄蕊 20~45 枚，稍短于花瓣。核卵球形，离肉，表面粗糙而有网纹，腹棱常锐利。

主要用途：种仁（杏仁）可入药。

美人梅 *Prunus × blireana* 'Meiren'

别　　名：樱李梅　　　　位　　置：玉兰园、樱花园

识别要点：叶片卵圆形，长 5~9 厘米，叶柄长 1~1.5 厘米，叶缘有细锯齿，叶背有短柔毛。花色浅紫，重瓣花，先于叶开放；萼筒宽钟状，萼片 5 片，近圆形至扁圆；花瓣 15~17 片；花梗 1.5 厘米；雄蕊多数，远短于瓣长，花丝淡紫红，花药小，呈土黄至鲑红色；雌蕊 1 枚，花柱下部有毛。

主要用途：栽培供观赏。

紫叶李 *Prunus cerasifera* 'Atropurpurea'

李属

别　　名：红叶李、真红叶李　　　　位　　置：全园

识别要点：灌木或小乔木；多分枝，小枝暗红色。叶片紫色，下面仅中脉被毛。花1朵，稀2朵；萼筒钟状，萼片长卵形，先端圆钝，边有疏浅锯齿，与萼片近等长，萼筒和萼片外面无毛；花瓣白色，着生在萼筒边缘；雄蕊25~30枚，花丝长短不等，紧密地排成不规则2轮，比花瓣稍短；雌蕊1枚，心皮被长柔毛。果核光滑或粗糙。

主要用途：庭园栽培供观赏；果实可食。

山桃 *Prunus davidiana* (Carrière) Franch.

别　　名：苦桃、野桃、山毛桃　　　　**位　　置：**榆叶梅园

识别要点：叶卵状披针形，有细锐锯齿，中部以下最宽，下面无毛。花单生，
先于叶开放，直径 2~3 厘米；花梗极短或几无梗；花萼无毛，萼
筒钟形，萼片卵形或卵状长圆形，紫色；花瓣倒卵形或近圆形，
粉红色，先端钝圆，稀微凹。果近球形，核两侧不扁平，先端圆钝。

主要用途：可作桃、梅、李等果树的砧木，也可供观赏。木材可作各种细工
及手杖的用材；果核可做玩具或念珠；种仁可榨油供食用。

李属

尾叶樱桃 *Prunus dielsiana* (Schneid.) Yü et Li

别　　名： 尾叶樱　　　　**位　　置：** 樱花园

识别要点： 小叶、叶柄、叶片下面及花梗被柔毛。花序伞形或近伞形，有花
3~6朵；总苞褐色，内面密被伏生柔毛；苞片卵形，直径3~6毫米，
边缘撕裂状，有长柄腺体；萼筒钟形，长3.5~5毫米，被疏柔毛，
萼片长椭圆形或椭圆状披针形，约为萼筒的2倍，边有缘毛；花
瓣白色或粉红色，卵形，先端二裂；雄蕊与花瓣近等长，花柱无毛。

主要用途： 为庭园观赏树。果可制果酱、罐头，亦可酿酒；果核、果、根均
可入药。

迎春樱桃 *Prunus discoidea* Yü et Li

别　　名：杭州早樱　　　　**位　　置：**樱花园

识别要点：小乔木。嫩枝被疏柔毛或脱落无毛。叶缘有缺刻状急尖锯齿，两面伏生疏柔毛，叶、托叶、苞片边缘锯齿顶端的腺无柄，呈盘形。萼筒管形钟状，长 4~5 毫米，外面被稀疏柔毛；萼片长圆形，长 2~3 毫米；花瓣粉红色，长椭圆形，先端二裂；花柱无毛。核果熟时红色，直径约 1 厘米；核微有棱纹。

主要用途：可作小路行道树、绿篱，也可制作盆景。

麦李 *Prunus glandulosa* (Thunb.) Lois.

别　　名： 粉花麦李　　　　**位　　置：** 迷宫园、防火瞭望塔

识别要点： 灌木。叶片长圆披针形或椭圆披针形，先端渐尖，最宽处在中部，两面均无毛或在中脉上有疏柔毛。花单生或2朵簇生，花叶同开或近同开；花梗长6~8毫米，几无毛；萼筒钟状，长宽近相等，无毛，萼片三角状椭圆形，先端急尖，边有锯齿；花瓣白色或粉红色，倒卵形；雄蕊30枚；花柱比雄蕊稍长。

主要用途： 庭园栽培供观赏。

郁李 *Prunus japonica* (Thunb.) Lois.

别　　名：秧李、爵梅、复花郁李、菊李、棠棣　　　　位　　置：石榴园

识别要点：灌木。叶中部以下最宽，卵形或卵状披针形，先端渐尖至急尖，
　　　　　边缘有缺刻状尖锐重锯齿，基部圆形。花 1~3 朵，簇生；花梗长
　　　　　0.5~1 厘米；萼筒陀螺形，长、宽均 2.5~3 毫米，无毛；萼片椭圆形，
　　　　　比萼筒稍长，有细齿；花瓣白色或粉红色，倒卵状椭圆形；花柱
　　　　　与雄蕊近等长，无毛。核果近球形，熟时深红色，直径约 1 厘米。

主要用途：栽培供观赏；种仁可入药。

蔷薇科

李属

玉蝶梅 *Prunus mume f. albo-plena* (Bailey) Rehd.

别　　名：白梅　　　位　　置：梅园

识别要点：小枝绿色。叶片卵形或椭圆形，先端尾尖，具小锐锯齿。花单生
　　　　　或 2 朵聚生芽内；花萼常呈红褐色；花瓣白色，多轮，雄蕊短或
　　　　　稍长于花瓣。果近球形，直径 2~3 厘米，熟时黄色或绿白色，被
　　　　　柔毛，味酸；果肉粘核；核椭圆形，顶端圆，有小突尖头，基部
　　　　　窄楔形，腹面和背棱均有纵沟，具蜂窝状孔穴。

主要用途：作观赏树或果树。

宫粉梅 *Prunus mume f. alphandii* (Carr.) Rehd.

别　　名：梅花　　　　**位　　置：**梅园

识别要点：小枝木质部呈绿白色。叶片卵形或椭圆形，先端尾尖，具小锐锯
　　　　　　齿。花单生或 2 朵聚生芽内，重瓣，粉红色至深红色；花萼常呈
　　　　　　红褐色；雄蕊短或稍长于花瓣。果近球形，直径 2~3 厘米，熟时
　　　　　　黄色或绿白色，被柔毛，味酸；果肉粘核；核椭圆形，顶端圆，
　　　　　　有小突尖头，基部窄楔形，腹面和背棱均有纵沟，具蜂窝状孔穴。

主要用途：作观赏树或果树。

朱砂梅 *Prunus mume* f. *purpurea* T. Y. Chen

别　　名：骨里红　　　**位　　置**：梅园

识别要点：小枝木质部呈暗紫红色。叶片卵形或椭圆形，先端尾尖，具小锐锯齿。花单生或2朵聚生芽内，重瓣，紫红色；花萼常呈红褐色；雄蕊短或稍长于花瓣。果近球形，直径2~3厘米，熟时黄色或绿白色，被柔毛，味酸；果肉粘核；核椭圆形，顶端圆，有小突尖头，基部窄楔形，腹面和背棱均有纵沟，具蜂窝状孔穴。

主要用途：作观赏树或果树。

江梅 *Prunus mume* 'Jiang Mei'

別　　名：野梅　　　　位　　置：梅园

识别要点：小枝绿色。叶片卵形或椭圆形，先端尾尖，具小锐锯齿。花单生，花瓣 5 片，多为白色；花萼常呈红褐色；雄蕊短或稍长于花瓣。果近球形，直径 2~3 厘米，熟时黄色或绿白色，被柔毛，味酸；果肉粘核；核椭圆形，顶端圆，有小突尖头，基部窄楔形，腹面和背棱均有纵沟，具蜂窝状孔穴。

主要用途：作观赏树或果树。

李属

绿萼梅 *Prunus mume* **f.** *viridicalyx* **(Makino) T. Y. Chen**

别　　名：绿梅　　　**位　　置：**梅园

识别要点：小乔木。小枝绿色，无毛。叶片卵形或椭圆形，先端尾尖，具小锐锯齿；叶柄长 1~2 厘米，幼时具毛，常有腺体。花单生或 2 朵聚生芽内，白色；花萼绿色。果近球形，直径 2~3 厘米，熟时黄色或绿白色，被柔毛，味酸；果肉粘核；核椭圆形，顶端圆，有小突尖头，基部窄楔形，腹面和背棱均有纵沟，具蜂窝状孔穴。

主要用途：作观赏树或果树。

照水梅 *Prunus mume var. pendula Sieb.*

别　　名： 垂枝梅　　　　**位　　置：** 梅园

识别要点： 枝条下垂。叶片卵形或椭圆形，先端尾尖，具小锐锯齿。花单生或2朵聚生芽内，花多色；花萼常呈红褐色；雄蕊短或稍长于花瓣。果近球形，直径2~3厘米，熟时黄色或绿白色，被柔毛，味酸；果肉粘核；核椭圆形，顶端圆，有小突尖头，基部窄楔形，腹面和背棱均有纵沟，具蜂窝状孔穴。

主要用途： 作观赏树或果树。

李属

郑州树木园植物图谱

稠李 *Prunus padus* L.

别　　名：臭李子、臭耳子　　　　　**位　　置：**稠李园

识别要点：叶柄顶端有2个腺体。总状花序具有多朵花，基部通常有2~3片叶，
叶片与枝生叶同形，通常较小；总花梗和花梗通常无毛；萼筒钟
状，比萼片稍长；萼片三角状卵形，边有带腺细锯齿；花瓣白色，
基部楔形，有短爪，比雄蕊长近1倍；雄蕊多数，花丝长短不等，
排成紧密不规则2轮。核果卵球形，顶端有尖头，光滑，果梗无毛。

主要用途：木材可作建筑和家具的用材；树皮可提取丹宁；花、果、树皮和
叶均可入药。

桃 *Prunus persica* L.

李属

别　　名： 盘桃、桃子　　　　**位　　置：** 木槿园

识别要点： 芽簇生，中间为叶芽，两侧为花芽。叶长圆状披针形，下脉腋间有疏毛或无毛。花单生，梗极短或无；萼外被短柔毛；花瓣长圆状椭圆形至宽倒卵形，粉红色，罕为白色；雄蕊 20~30 枚，花药绯红色；花柱与雄蕊近等长或比雄蕊稍短；子房被短柔毛。核两侧扁平，顶端渐尖。

主要用途： 桃树干上分泌的胶质，俗称桃胶，可用作黏结剂等，为一种聚糖类物质，水解能生成阿拉伯糖、半乳糖、木糖、鼠李糖、葡糖醛酸等，可食用，也可药用。

菊花桃 *Prunus persica* 'Juhuatao'

李属

别　　名：寿星桃　　　　位　　置：紫荆园
识别要点：落叶灌木或小乔木。树干灰褐色，小枝灰褐色至红褐色，小枝细
　　　　　长，无毛，有光泽，绿色，向阳处转变成红色，具大量小皮孔。
　　　　　芽簇生，中间为叶芽，两侧为花芽。叶片椭圆状披针形。花生于
　　　　　叶腋，粉红色或红色，重瓣，盛开时犹如菊花，花梗极短或几无
　　　　　梗。花后一般不结果。
主要用途：栽培供观赏。

红花碧桃 *Prunus persica* 'Rubro-plena'

别　　名： 红花桃　　　　**位　　置：** 碧桃园

识别要点： 芽簇生，中间为叶芽，两侧为花芽。叶披针形。花重瓣，红色，先于叶开放，直径 2.5~3.5 厘米；花梗极短或几无梗；萼筒钟形，被短柔毛，绿色而具红色斑点；萼片卵形至长圆形，顶端圆钝，外被短柔毛；花瓣长圆状椭圆形至宽倒卵形，粉红色，罕为白色；雄蕊 20~30 枚，花药绯红色；花柱与雄蕊近等长或比雄蕊稍短；子房被短柔毛。

主要用途： 栽培供观赏。果可食。

撒金碧桃 *Prunus persica* 'Versicolor'

别　　名: 碧桃　　**位　　置:** 碧桃园

识别要点: 芽簇生,中间为叶芽,两侧为花芽。叶披针形。花单生,先于叶开放,直径 2.5~3.5 厘米;花梗极短或几无梗;萼筒钟形,被短柔毛,绿色而具红色斑点;萼片卵形至长圆形,顶端圆钝,外被短柔毛;花瓣长椭圆形至宽倒卵形,粉红色,罕为白色;雄蕊 20~30 枚,花药绯红色;花柱与雄蕊近等长或比雄蕊稍短;子房被短柔毛。

主要用途: 栽培供观赏。果可食。

紫叶桃 *Prunus persica* 'Zi Ye Tao'

别　　名：紫叶碧桃　　　　**位　　置：**防火瞭望塔

识别要点：芽簇生，中间为叶芽，两侧为花芽。叶披针形，嫩叶紫红色。花单生，先于叶开放，直径 2.5~3.5 厘米；花梗极短或几无梗；萼筒钟形，被短柔毛，绿色而具红色斑点；萼片卵形至长圆形，顶端圆钝，外被短柔毛；花瓣长圆状椭圆形至宽倒卵形，粉红色，罕为白色；雄蕊 20~30 枚，花药绯红色；花柱与雄蕊近等长或比雄蕊稍短。

主要用途：栽培供观赏。果可食。

李属

蔷薇科

李属

樱桃 *Prunus pseudocerasus* (Lindl.) G. Don

别　　名：樱珠、牛桃、英桃、楔桃、荆桃、莺桃　　　　**位　　置：**樱花园

识别要点：叶有单锯齿或尖锐重锯齿，下面沿脉被疏柔毛。花序伞房状或近伞形，有花 3~6 朵，先于叶开放；总苞倒卵状椭圆形，褐色，边有腺齿；花梗长 0.8~1.9 厘米，被疏柔毛；萼筒钟状，外面被疏柔毛，萼片三角卵圆形或卵状长圆形，边缘全缘，长为萼筒的一半或过半；花瓣卵圆形，先端下凹或二裂；花柱与雄蕊近等长，无毛。

主要用途：庭园栽培供观赏。除了鲜食，果还可以制果酱、罐头，亦可酿酒；果核、果、根可药用。

李 *Prunus salicina* Lindl.

蔷薇科

李属

别　　名：玉皇李、嘉应子、嘉庆子、山李子　位　　置：玉兰园、曲桥寻芳园

识别要点：叶绿色，光滑无毛。花通常 3 朵并生；萼筒钟状；萼片长圆卵形，边有疏齿，与萼筒近等长，萼筒和萼片外面均无毛；花瓣白色，基部楔形，有明显紫色脉纹，着生在萼筒边缘；雄蕊多数，排成不规则 2 轮，比花瓣短。果实大，直径 5~7 厘米，外被蜡粉。

主要用途：为蜜源和观赏植物。果可食，可酿酒，可制李干或蜜饯；核仁可药用；树干分泌胶质，可作黏结剂或赋形剂。

郑州树木园植物图谱

134 /

山樱桃 *Prunus serrulata* (Lindl.) G. Don ex London

别　　名：樱花、山樱花　　　　**位　　置**：樱花园

识别要点：叶边尖锐锯齿呈芒状。花序伞房总状或近伞形，有 2~3 朵花；总
　　　　　　苞片褐红色，倒卵状长圆形；花序梗长 0.5~1 厘米，无毛；苞片
　　　　　　长 5~8 毫米，有腺齿；花梗长 1.5~2.5 厘米，无毛或被极稀疏柔毛；
　　　　　　萼筒管状，长 5~6 毫米，萼片三角状披针形，长约 5 毫米，全缘；
　　　　　　花瓣白色，稀粉红色，倒卵形，先端下凹；花柱无毛。

主要用途：庭园栽培供观赏。种仁可入药；木材可制作家具。

蔷薇科

李属

日本晚樱 *Prunus serrulata var. lannesiana* (Carri.) Makino

别　　名： 矮樱　　　　　**位　　置：** 樱花园

识别要点： 叶卵状椭圆形或倒卵状椭圆形，长5~9厘米，先端渐尖，基部圆，有渐尖重锯齿，齿端有长芒。花序近伞形或伞房总状，有花2~3朵，花叶同开；萼筒管状，长5~6毫米，萼片三角状披针形，长约5毫米，全缘；花瓣粉红色，重瓣，倒卵形，先端下凹，常有香气；花柱无毛。

主要用途： 庭园栽培供观赏。木材可制作家具。

郁金樱 *Prunus serrulata* 'Grandiflora'

别　　名：绿樱　　　　位　　置：樱花园

识别要点：叶卵状椭圆形或倒卵状椭圆形，长 5~9 厘米，先端渐尖，基部圆，
　　　　　有渐尖单锯齿及重锯齿，齿尖有小腺体，上面无毛，下面淡绿色。
　　　　　花序伞房总状或近伞形，有花 2~3 朵；总苞片褐红色，外面无毛，
　　　　　内面被长柔毛；苞片长 5~8 毫米，有腺齿；萼长椭圆状披针形，
　　　　　全缘；花瓣 7~18 片，淡黄绿色至淡紫色，内侧花柄有柄，常有
　　　　　旗瓣。

主要用途：庭园栽培供观赏。

垂枝樱 *Prunus spachiana* 'Pendula'

别　　名：垂枝樱花　　　　位　　置：樱花园

识别要点：乔木，树皮灰褐色。小枝灰色，嫩枝绿色，密被白色短柔毛，枝
条开展成弯弓形，小枝下垂呈鞭状。冬芽卵形，鳞片先端有疏毛。
叶片卵形至卵状长圆形。花序伞形，有花 2~3 朵，花叶同开；总
苞片倒卵形，长约 4 毫米，宽约 3 毫米。核果卵球形，黑色；核
表面微有棱纹；果梗长 1.5~2.5 厘米，被开展疏柔毛，顶端稍膨大。

主要用途：栽培供观赏。

李属

毛樱桃 *Prunus tomentosa* (Thunb.) Wall.

李属

别　　名：山豆子、梅桃、野樱桃、山樱桃梅　　　　位　　置：绣线菊园

识别要点：灌木。二花芽在一叶芽两侧；叶上被疏柔毛，叶下被密绒毛，后渐稀。花单生或 2 朵簇生，花叶同开；萼筒管状或杯状，长 4~5 毫米，外被柔毛或无毛；萼片三角状卵形，长 2~3 毫米，内外被柔毛或无毛；花瓣白色或粉红色，倒卵形；雄蕊短于花瓣；花柱伸出与雄蕊近等长或比雄蕊稍长；子房被毛或仅顶端（或基部）被毛。核果近球形，红色，直径 0.5~1.2 厘米；核表面除棱脊两侧有纵沟外，无棱纹。

主要用途：栽培供观赏。果实可食，也可酿酒；种仁可制肥皂及润滑油，亦可入药。

榆叶梅 *Prunus triloba* Lindl.

别　　名：小桃红　　　位　　置：花博园

识别要点：叶片宽椭圆形至倒卵形，被短柔毛，先端常 3 裂，边缘具粗锯齿
或重锯齿。花 1~2 朵，先于叶开放，直径 2~3 厘米；花梗长 4~8
毫米；萼筒宽钟形，长 3~5 毫米，无毛或幼时微具毛；萼片卵形
或卵状披针形，无毛，近先端疏生小锯齿，通常 10 片；花瓣近
圆形或宽倒卵形，单瓣，长 0.6~1 厘米，粉红色。

主要用途：为观赏绿化树。

重瓣榆叶梅 *Prunus triloba* 'Multiplex'

蔷薇科

李属

别　　名： 小桃红　　　**位　　置：** 榆叶梅园

识别要点： 叶片宽椭圆形至倒卵形，被短柔毛，先端常 3 裂，边缘具粗锯
齿或重锯齿。花 1~2 朵，先于叶开放，直径 2~3 厘米；花梗长
4~8 毫米；萼筒宽钟形，长 3~5 毫米，无毛或幼时微具毛；萼片
卵形或卵状披针形，无毛，近先端疏生小齿，通常 10 片；花瓣
近圆形或宽倒卵形，重瓣，长 0.6~1 厘米，粉红色。

主要用途： 为观赏绿化树。

郑州树木园植物图谱（木本卷）——蔷薇科

李属

紫叶稠李 *Prunus virginiana* L.

别　　名：加拿大红樱　　　　　　**位　　置：**稠李园

识别要点：落叶乔木。单叶互生，幼叶在芽中为席卷状或对折状；有叶柄，在叶片基部边缘或叶柄顶端常有 2 个小腺体；叶片初生为绿色，有光泽，随着气温升高，逐渐转为紫红色，秋后变为红色。花白色；雌蕊 1 枚，周位花，子房上位，心皮无毛，1 室具 2 粒胚珠。果球形，较大，外面有沟，无毛，常被蜡粉，成熟时为紫黑色。

主要用途：庭园栽培供观赏。

东京樱花 *Prunus × yedoensis* Matsum.

别　　名：樱花、日本樱花、吉野樱　　　　**位　　置：**樱花园

识别要点：叶边尖锐重锯齿，有小腺体，叶柄密被毛；托叶披针形，有羽裂腺齿。花序伞形总状，总梗极短，有花 3~4 朵，先于叶开放；总苞片褐色，两面被疏柔毛；苞片褐色，匙状长圆形，边有腺体；萼筒管状，被疏柔毛；萼片三角状长卵形，边有腺齿；花瓣椭圆卵形，先端下凹，全缘二裂；雄蕊约 32 枚，短于花瓣；花柱基部有疏柔毛。

主要用途：庭园栽培供观赏。

木瓜属

木瓜 *Pseudocydonia sinensis* (Thouin) C. K. Schneid.

别　　名：海棠、木李、榠楂　　　　　**位　　置：**木瓜园、海棠园

识别要点：树皮呈片状脱落，枝无刺。叶缘、叶柄、托叶和反折萼均有腺齿，叶边有刺芒状锐锯齿，托叶膜质。花单生，后于叶开放；花瓣倒卵形，淡粉红色；雄蕊多数，长不及花瓣之半；花柱3~5枚，基部合生，被柔毛，柱头头状，有不显明分裂，与雄蕊近等长或比雄蕊稍长。果实长椭圆形，长10~15厘米，暗黄色，木质，味芳香，果梗短。

主要用途：栽培供观赏。果实可食用、药用；木材坚硬，可作床柱。

火棘 *Pyracantha fortuneana* (Maxim.) Li

火棘属

别　　名： 赤阳子、红子、救军粮、火把果　　　**位　　置：** 机器的容器园

识别要点： 叶多倒卵形至倒卵状长圆形，先端圆钝或微凹，有圆钝锯齿，中部以上最宽，下面绿色，无毛或有短柔毛。花梗和总花梗近于无毛，花梗长约 1 厘米；花直径约 1 厘米；萼筒钟状，无毛；萼片三角卵形，先端钝；花瓣白色，近圆形；雄蕊 20 枚，花丝长 3~4 毫米，药黄色；花柱 5 枚，离生，与雄蕊等长，子房上部密生白色柔毛。

主要用途： 栽培作绿篱。果实磨粉可作代食品。

杜梨 *Pyrus betulifolia* Bunge

梨属

别　　名：灰梨、海棠梨、土梨、棠梨　　　　**位　　置：**景观小品园

识别要点：幼枝、花序和叶片下面均被绒毛。叶边有粗锐锯齿。伞形总状花序，有花 10~15 朵，总花梗和花梗均被灰白色绒毛；萼筒外密被灰白色绒毛；萼片三角卵形，全缘，内外两面均密被绒毛；花瓣宽卵形，基部具有短爪；雄蕊 20 枚，花药紫色，长约等于花瓣之半；花柱 2~3 枚。果近球形，2~3 室，直径 0.5~1 厘米，褐色，有淡色斑点，萼片脱落。

主要用途：可作梨的砧木。木材可制作各种器物；树皮含鞣质，可提取栲胶并入药。

白梨 *Pyrus bretschneideri* Rehder

别　　名：罐梨、白挂梨　　　　**位　　置：**榆叶梅园西

识别要点：叶片基部宽楔形或近圆形，叶边具有带刺芒的尖锐锯齿，微向内
合拢。伞形总状花序，有花 7~10 朵，总花梗和花梗嫩时有绒毛，
不久脱落；萼片三角形，边缘有腺齿，外面无毛，内面密被褐色
绒毛；花瓣卵形，先端常呈啮齿状，基部具有短爪；雄蕊 20 枚，
长约等于花瓣之半；花柱 5 枚或 4 枚。果黄色，大多数不具宿萼。

主要用途：果实可食或制作罐头、酿酒，并可入药；木材可作家具、雕刻等
的用材。

豆梨 *Pyrus calleryana* Decne.

梨属

别　　名：梨丁子、糖梨、赤梨、阳檖、鹿梨　　　　**位　　置：**景观小品园

识别要点：幼枝具绒毛，不久脱落。叶边有圆钝锯齿，叶片、花序均无毛。
伞形总状花序，具花 6~12 朵，总花梗和花梗均无毛；萼筒无毛；
萼片披针形，全缘，内面具绒毛，边缘较密；雄蕊 20 枚；花柱 2 枚，
稀 3 枚，基部无毛。梨果球形，直径约 1 厘米，黑褐色，有斑点，
萼片脱落。

主要用途：常作梨树砧木。木材可制作家具、雕刻图章等；果实可食或酿酒；
根、叶、花可入药。

木梨 *Pyrus xerophila Yü*

梨属

别　　名：野梨、酸梨　　　位　　置：梨园
识别要点：叶边有钝锯齿。伞形总状花序，总花梗和花梗幼时均被稀疏柔毛，
　　　　　不久脱落；苞片膜质，先端渐尖，边缘有腺齿，内面具绵毛，早
　　　　　期脱落；萼片三角卵形，稍长于萼筒，先端渐尖，边缘有腺齿，
　　　　　内面具绒毛；花瓣宽卵形，基部具短爪，白色；雄蕊 20 枚，稍
　　　　　短于花瓣；花柱 5 枚，稀 4 枚。果实褐色，4~5 室，直径 1~1.5
　　　　　厘米，萼片宿存。
主要用途：常用作栽培梨树的砧木。果实可食或制作罐头、酿酒。

郑州树木园植物图谱（木本卷）——蔷薇科

石斑木 *Rhaphiolepis indica* (L.) Lindley

别　　名： 车轮梅、春花、山花木　　　　**位　　置：** 木槿园

识别要点： 叶片集生于枝顶，卵形、长圆形，稀倒卵形或长圆披针形，边缘
具细钝锯齿。顶生圆锥花序或总状花序，总花梗和花梗被锈色绒
毛；苞片狭披针形，近无毛；花直径 1~1.3 厘米；萼片 5 片，三
角披针形至线形；花瓣 5 片，白色或淡红色，倒卵形或披针形，
先端圆钝，基部具柔毛；雄蕊 15 枚，与花瓣等长或比花瓣稍长；
花柱 2~3 枚。

主要用途： 栽培供观赏。木材带红色，质重坚韧，可做器物；果实可食。

鸡麻 *Rhodotypos scandens* (Thunb.) Makino

鸡麻属

别　　名：白棣棠、三角草、山葫芦子、双珠母　　　　　位　　置：红叶园

识别要点：落叶灌木，高 0.5~2 米，稀达 3 米。小枝紫褐色，嫩枝绿色，光滑。叶对生，有尖锐重锯齿；托叶膜质狭带形。单花顶生于新梢上；花直径 3~5 厘米；萼片大，卵状椭圆形，顶端急尖，边缘有锐锯齿，外面被稀疏绢状柔毛，副萼片细小，狭带形，比萼片短 4~5 倍；花瓣白色，倒卵形，比萼片长 25%~33.3%。核果 1~4 个，黑色或褐色。

主要用途：可作庭园绿化树。根和果可入药。

黄木香花 *Rosa banksiae* f. *lutea* (Lindl.) Rehd.

别　　名： 黄木香、金樱、十里香　　　　**位　　置：** 桐之韵广场

识别要点： 攀缘小灌木。小枝有短小皮刺。小叶3~5片，稀7片；托叶离生早落。
花小型，多朵成伞形花序，花直径1.5~2.5厘米；花梗长2~3厘米，
无毛；萼片卵形，先端长渐尖，全缘，萼筒和萼片外面均无毛，
内面被白色柔毛；花瓣重瓣，无香味，黄色，倒卵形，先端圆，
基部楔形；心皮多数，花柱离生，密被柔毛，比雄蕊短很多。

主要用途： 为著名观赏植物，常栽培供攀缘棚架之用。花可配制香精及化
妆品。

硕苞蔷薇 *Rosa bracteata* Wendl.

蔷薇属

别　　　名：糖钵、野毛栗　　　　　位　　　置：机器的容器园

识别要点：小枝密被黄褐色柔毛，混生针刺和腺毛。羽状复叶，小叶 5~9 片。
花单生或 2~3 朵集生；花梗长不到 1 厘米，密生长柔毛和稀疏腺
毛；有数片大型宽卵形苞片，边缘有不规则缺刻状锯齿；萼片宽卵形，
萼片和萼筒外面均密被黄褐色柔毛和腺毛，花后反折；花瓣白色，
倒卵形，先端微凹；花柱密被柔毛。果球形，密被黄褐色柔毛。

主要用途：栽培作绿篱。果实和根可入药。

蔷薇科

蔷薇属

月季花 *Rosa chinensis Jacq.*

别　　名： 月月花、月月红、月季　　　　**位　　置：** 金水月季园

识别要点： 直立灌木，有短粗的钩状皮刺或无针刺和刺毛。小叶 3~5 片，稀
7 片，托叶边缘常有腺毛。花 4~5 朵，稀单生；萼片卵形，先端
尾状渐尖，边缘常有羽状裂片，稀全缘，外面无毛，内面密被长
柔毛；花瓣重瓣至半重瓣，红色、粉红色至白色，倒卵形，先端
有凹缺，基部楔形；花柱离生，伸出萼筒口外，约与雄蕊等长。
果卵球形或梨形。

主要用途： 栽培供观赏。花、根、叶均可入药。

小月季 *Rosa chinensis var. minima* (Sims.) Voss.

别　　名： 月季　　　　**位　　置：** 金水月季园

识别要点： 矮灌木，高不及 25 厘米。小枝近无毛，有短粗钩状皮刺或无刺。花几朵集生，稀单生；萼片卵形，先端尾尖，常有羽状裂片，稀全缘，外面无毛，内面密被长柔毛；花较小，花色丰富，直径约 3 厘米，单瓣或重瓣；花柱离生，伸出花萼，约与雄蕊等长。果卵球形或梨形，成熟时红色，萼片脱落。

主要用途： 常用于盆景观赏。

单瓣月季花 *Rosa chinensis* var. *spontanea* (Rehd. et Wils.) Yü et Ku

蔷薇属

别　　名：单瓣月季　　　　**位　　置：**金水月季园、风车四周

识别要点：直立灌木，枝条圆筒状，有宽扁皮刺。小叶 3~5 片，托叶边缘常有腺毛。花瓣红色，单瓣，倒卵形，先端有凹缺，基部楔形；萼片常全缘，稀具少数裂片，外面无毛，内面密被长柔毛；花柱离生，伸出萼筒口外，约与雄蕊等长。果卵球形或梨形，长 1~2 厘米，红色，萼片脱落。

主要用途：栽培供观赏。花、根、叶均可入药。

小果蔷薇 *Rosa cymosa* Tratt.

别　　名：小金樱花、山木香、红荆藤、倒钩苈　　　　**位　　置：**云起台

识别要点：攀缘灌木。小枝有钩状皮刺。小叶 3~5 片，稀 7 片。花多朵成复
伞房花序；萼片卵形，先端渐尖，常有羽状裂片，内面被稀疏白
色绒毛，沿边缘较密；花瓣白色，倒卵形，先端凹；花柱离生，
稍伸出花托口外，与雄蕊近等长，密被白色柔毛。果红色至黑褐
色，萼片脱落。

主要用途：为庭园观赏和蜜源植物。根可提取栲胶；花可提取芳香油；叶可
作饲料；根可入药。

蔷薇科

蔷薇属

野蔷薇 *Rosa multiflora* Thunb.

别　　名：蔷薇、多花蔷薇、刺花、墙蘼　　　　位　　置：风车附件

识别要点：攀缘灌木。小枝圆柱形，有短、粗稍弯曲皮束。小叶 5~9 片，近
　　　　　花序的小叶有时 3 片。花多朵，排成圆锥状花序；萼片披针形，
　　　　　有时中部具 2 个线形裂片，内面有柔毛；花瓣白色，先端微凹，
　　　　　基部楔形；花柱结合成束，无毛，比雄蕊稍长。果近球形，无毛，
　　　　　萼片脱落。

主要用途：可作绿篱、护坡及棚架绿化材料。根可提取栲胶；鲜花用于化妆
　　　　　品工业；根、叶、花和种子均可入药。

七姊妹 *Rosa multiflora* 'Grevillei'

蔷薇科

蔷薇属

别　　名：十姊妹、七姐妹　　　　　**位　　置：**风车附件

识别要点：攀缘灌木。小枝圆柱形，有短、粗稍弯曲皮束。小叶 5~9 片，近花序的小叶有时 3 片。花多朵，排成圆锥状花序；萼片披针形，有时中部具 2 个线形裂片，内面有柔毛；花重瓣，粉色至粉红色，直径 3~4 厘米；花梗无毛；花柱结合成束，比雄蕊稍长。果近球形，萼片脱落。

主要用途：可作绿篱、护坡及棚架绿化材料。根可提取栲胶；鲜花用于化妆品工业；根、叶、花和种子均可入药。

郑州树木园植物图谱（木本卷）——蔷薇科

橘黄香水月季 *Rosa odorata* var. *pseudindica* (Lindl.) Rehd.

别　　名： 芳香月季　　　　**位　　置：** 风车附件
识别要点： 有长匍匐枝，枝粗壮，无毛，有散生而粗短钩状皮刺。小叶 5~9 片，
托叶边缘仅基部有腺。花单生或 2~3 朵，重瓣，黄色或橘黄色，
直径约 8 厘米，花瓣芳香；萼片全缘，披针形，先端长渐尖，外
面无毛，内面密被长柔毛；花瓣芳香，白色或带粉红色，倒卵形；
心皮多数，被毛；花柱离生，伸出花托口外，约与雄蕊等长。果
扁球形。
主要用途： 栽培供观赏。

紫花重瓣玫瑰 *Rosa rugosa* f. *plena* (Regel) Byhouwer

别　　名：玫瑰、平阴玫瑰　　　　位　　置：玫瑰园

识别要点：小枝密被绒毛，并有针刺和腺毛。小叶 5~9 片，网脉明显，边缘
　　　　　有尖锐锯齿；叶柄和叶轴密被绒毛和腺毛。花单生于叶腋，或数
　　　　　朵簇生；苞片边缘有腺毛，外被绒毛；花梗密被绒毛和腺毛；萼片
　　　　　常有羽状裂片而扩展成叶状；花瓣倒卵形，重瓣至半重瓣，芳香。

主要用途：栽培供观赏。鲜花可蒸制芳香油，也可食用及制作化妆品；花蕾
　　　　　可入药；花瓣可以制饼馅、玫瑰酒、玫瑰糖浆。

蓬蘽 *Rubus hirsutus* Thunb.

悬钩子属

别　　名：蓬藟、泼盘、三月泡　　　　**位　　置：**东门停车场

识别要点：枝被柔毛和腺毛，疏生皮刺。小叶 3~5 片，顶端急尖，两面疏
　　　　　生柔毛，边缘具缺刻状尖锐重锯齿；叶柄长 2~3 厘米；托叶披针
　　　　　形。花 1~2（3）朵；花梗具柔毛和腺毛；苞片线形，具柔毛；花
　　　　　大，直径 3~4 厘米；花萼外密被柔毛和腺毛；萼片外面边缘被灰
　　　　　白色绒毛，花后反折；花瓣白色，基部具爪；花丝较宽；花柱和
　　　　　子房均无毛。果近球形，无毛。

主要用途：全株及根可入药。

茅莓 *Rubus parvifolius* L.

悬钩子属

别　　名：婆婆头、蛇泡勒、草杨梅子、红梅消　　　　位　　置：玉兰园

识别要点：枝被柔毛和疏皮刺。小叶 3 片，偶 5 片，顶端圆钝或急尖，下面密被灰白色绒毛。伞房花序或短总状花序；花梗长 0.5~1.5 厘米，具柔毛和稀疏小皮刺；花萼外面密被柔毛和疏密不等的针刺；萼片卵状披针形或披针形，花果期均直立开展；花瓣卵圆形或长圆形，粉红至紫红色，基部具爪；雄蕊花丝白色，稍短于花瓣；子房具柔毛。

主要用途：果实可食用，亦可酿酒或酿醋等；根和叶可提取栲胶；全株可入药。

珍珠梅属

珍珠梅 *Sorbaria sorbifolia* (L.) A. Br.

别　　名：东北珍珠梅、华楸珍珠梅、八本条、高楷子　**位　　置**：花叶园

识别要点：落叶灌木。羽状复叶，互生；小叶有锯齿，具托叶。顶生大型密集圆锥花序；苞片卵状披针形至线状披针形，上下两面微被柔毛，果期逐渐脱落；萼筒钟状，外面基部微被短柔毛；萼片三角卵形，约与萼筒等长；花瓣长圆形或倒卵形，白色；雄蕊 40~50 枚，比花瓣长 1.5~2 倍，生在花盘边缘；心皮 5 枚。果梗直立。

主要用途：栽培供观赏。枝及果穗可入药。

麻叶绣线菊 *Spiraea cantoniensis Lour.*

别　　名：石棒子、麻毡、粤绣线菊、麻叶绣球　　　　**位　　置：**绣线菊园

识别要点：有数片外露鳞片。叶片菱状披针形至菱状长圆形，有缺刻状锯齿，上面深绿色，下面灰蓝色，两面无毛。伞形花序，无毛；苞片线形，无毛；萼筒钟状，内面被短柔毛；花瓣近圆形或倒卵形，先端微凹或圆钝，白色；雄蕊20~28枚，稍短于花瓣或与花瓣近等长；子房近无毛，花柱短于雄蕊。果具直立开张萼片。

主要用途：庭园栽培供观赏。枝叶可入药。

粉花绣线菊 *Spiraea japonica* L. f.

绣线菊属

别　　名： 火烧尖、蚂蟥梢、日本绣线菊　　　　　**位　　置：** 绣线菊园

识别要点： 叶片卵形至卵状椭圆形，先端急尖至短渐尖，基部楔形，边缘有
缺刻状重锯齿或单锯齿，上面暗绿色，下面色浅，通常沿叶脉有
短柔毛；叶柄长 1~3 毫米，具短柔毛。复伞形花序，花序生于当
年生枝上，花序被短柔毛，粉红色。果成熟时略分开，果无毛或
仅沿腹缝线有疏短柔毛。

主要用途： 栽培供观赏。

蔷薇科

绣线菊属

土庄绣线菊 *Spiraea pubescens* Turcz.

别　　名： 蚂蚱腿、小叶石棒子、石蒡子、土庄花　　**位　　置：** 绣线菊园

识别要点： 小枝拱形弯曲。冬芽有数片鳞片。叶菱状卵形至倒卵形，锯齿密
而尖锐，下面密被黄色绒毛。萼筒钟状，内面有灰白色短柔毛；
萼片卵状三角形，先端急尖；花瓣先端圆钝或微凹，长与宽各
2~3 毫米，白色；雄蕊 25~30 枚，约与花瓣等长；花盘圆环形，
具 10 个裂片，裂片先端稍凹陷；花柱短于雄蕊。果具直立稀反
折萼片。

主要用途： 栽培供观赏。茎髓可用于治水肿。

珍珠绣线菊 *Spiraea thunbergii* Sieb. ex Blume.

绣线菊属

别　　名：珍珠花、喷雪花、雪柳　　　　　位　　置：绣线菊园

识别要点：芽有数片鳞片。叶片线状披针形，中部以上有尖锐锯齿，无毛，叶柄长 1~2 毫米。伞形花序无总梗，具花 3~7 朵，基部簇生数片小形叶片；花直径 6~8 毫米；萼筒钟状；萼片三角形或卵状三角形；花瓣倒卵形或近圆形，先端微凹至圆钝，白色；雄蕊 18~20 枚，长约花 1/3 或更短；花盘圆环形，由 10 个裂片组成；花柱与雄蕊近等长。

主要用途：栽培供观赏。

三裂绣线菊 *Spiraea trilobata* L.

别　　名： 团叶绣球、三桠绣球、硼子、石棒子　　　**位　　置：** 绣线菊园

识别要点： 小枝细瘦，稍呈"之"字形弯曲，无毛；冬芽外被数个鳞片。叶近圆形，先端常三裂，显著 3~5 条脉。伞形花序，具总梗，有花 15~30 朵；花直径 6~8 毫米；萼筒钟状，内面有灰白色短柔毛；花瓣宽倒卵形，先端常微凹；雄蕊 18~20 枚，比花瓣短；花盘约有 10 个大小不等的裂片，裂片先端微凹；子房被短柔毛，花柱比雄蕊短。果具直立萼片。

主要用途： 庭园习见栽培以供观赏；为鞣料植物，根茎含单宁。

薔薇科

绣线菊属

野珠兰 *Stephanandra chinensis* Hance

小米空木属

别　　名：中国小米空木、华空木　　**位　　置：**防火瞭望塔

识别要点：灌木，高达 1.5 米。叶片卵形至长椭卵形，长 5~7 厘米，边缘常浅裂并有重锯齿，两面无毛。顶生疏松的圆锥花序；花梗无毛；萼片三角卵形，长约 2 毫米，先端钝，有短尖，全缘；花瓣倒卵形，稀长圆形，先端钝，白色；雄蕊 10 枚，着生在萼筒边缘，较花瓣短约一半；心皮 1 枚，子房外被柔毛，花柱顶生，直立。

主要用途：常作为公园或庭园的绿化、美化栽培树种。

郑州树木园植物图谱

佘山羊奶子 *Elaeagnus argyi* Lévl.

别　　名： 佘山胡颓子　　　　**位　　置：** 怡馨亭

识别要点： 具刺小灌木。叶大小不等，发于春秋两季。花淡黄色或泥黄色，质厚，被银白色和淡黄色鳞片，花枝在花后发育成枝叶；萼筒漏斗状圆筒形，在裂片下面扩大，在子房上收缩；雄蕊的花丝极短，花药椭圆形，长 1.2 毫米；花柱直立，无毛。果实倒卵状矩圆形，长 13~15 毫米，幼时被银白色鳞片，成熟时红色。

主要用途： 为园林观赏树种，又为蜜源植物。果实可酿酒；果实、叶和根均可入药。

胡颓子科

胡颓子属

胡颓子 *Elaeagnus pungens* Thunb.

别　　名：三月枣、半春子、四枣、石滚子、甜棒子　　**位　　置：**紫叶李园

识别要点：直立灌木，具刺。叶革质，上面有光泽，网状脉明显，侧脉7~9对，下面银白色。花白色或淡白色，下垂，密被鳞片；萼筒圆筒形或漏斗状圆筒形，在子房上骤收缩；雄蕊的花丝极短，花药矩圆形；花柱直立，无毛，超过雄蕊。果实具褐色鳞片，长12~14毫米。

主要用途：种子、叶和根可入药；果可生食，也可酿酒和熬糖；茎皮纤维可用于造纸和制人造纤维板。

胡颓子科

胡颓子属

牛奶子 *Elaeagnus umbellata Thunb.*

别　　名：甜枣、剪子果、秋胡颓子、夏茱萸、唐茱萸　　位　　置：揽胜亭

识别要点：具刺小灌木。1~2 朵花簇生于新枝叶腋或 1~7 朵花簇生于叶腋
短小枝上；萼筒漏斗形或圆筒状漏斗形，在裂片下面扩展，向
基部渐窄狭，在子房上略收缩；雄蕊的花丝极短，长约为花药
的一半；花柱直立，柱头侧生。果实卵圆形，长 5~7 毫米，幼
时绿色，熟时红色。

主要用途：为观赏植物。果实可生食，也可制果酒、果酱等；叶可作土农药，
可杀棉蚜虫；果实、根和叶可入药。

郑州树木园植物图谱（木本卷）——胡颓子科

北枳椇 *Hovenia dulcis* Thunb.

枳椇属

别　　名： 甜半夜、拐枣、枳椇子、鸡爪梨　　　　**位　　置：** 紫叶李园

识别要点： 叶具不整齐锯齿或粗锯齿。花排成不对称的聚伞圆锥花序，生于
枝和侧枝顶，稀兼腋生；花序轴和花梗均无毛；萼片卵状三角形，
具纵条纹或网状脉，无毛；花瓣向下渐狭成爪部；子房球形，花
柱三浅裂，无毛。果实直径 6.5~7.5 厘米，成熟时黑色。

主要用途： 肥大的果序轴可生食、酿酒、制醋和熬糖；木材可作建筑用材或
制精细用具。

铜钱树 *Paliurus hemsleyanus* Rehd.

别　　名：刺凉子、摇钱树、金钱树、鸟不宿　　　　**位　　置：**海棠园西侧

识别要点：乔木。分枝密且具针刺。叶先端长渐尖，近无毛。聚伞花序或聚
伞圆锥花序，顶生或兼有腋生，无毛；萼片三角形或宽卵形，长
2 毫米，宽 1.8 毫米；花瓣匙形，长 1.8 毫米，宽 1.2 毫米；雄蕊
长于花瓣；花盘五边形，五浅裂；子房三室，每室具 1 粒胚珠，
花柱 3 个深裂。核果大，草帽状，周围有革质宽翅，直径 2~3.8
厘米。

主要用途：树皮含鞣质，可提取栲胶。

圆叶鼠李 *Rhamnus globosa* Bunge

鼠李属

别　　名：偶栗子、黑旦子、冻绿、山绿柴　　　　位　　置：紫叶李园

识别要点：幼枝、当年生枝、叶柄及叶两面或沿脉被短柔毛。叶倒卵状圆形、卵圆形或近圆形；叶柄短，长通常在1厘米以下。花单性，雌雄异株，通常数朵至20朵簇生于短枝端或长枝下部叶腋，稀2~3朵生于当年生枝下部叶腋，四基数，花和花梗被疏短柔毛。

主要用途：种油可作润滑油；茎皮、果实及根可作绿色染料；果、根皮、茎、叶可药用。

无刺枣 *Ziziphus jujuba var. inermis* (Bunge) Rehder

别　　名：大枣、红枣、枣树　　　　**位　　置**：枣园

识别要点：树皮褐色或灰褐色，长枝无明显的皮刺；幼枝无托叶刺。花两性，黄绿色，五基数，具短总花梗，单生或2~8朵密集成腋生聚伞花序；萼片卵状三角形；花瓣倒卵圆形，基部有爪，与雄蕊等长；花盘厚，肉质，圆形，五裂；子房下部藏于花盘内，与花盘合生。核果成熟时红色，后变红紫色，中果皮肉质厚，味甜，核顶端锐尖。

主要用途：为良好的蜜源植物。果为食品工业原料，也可药用。

郑州树木园植物图谱（木本卷）——鼠李科

/ 177

酸枣 *Ziziphus jujuba* var. *spinosa* (Bunge) Hu ex H. F. Chow.

别　　名：山枣树、硬枣、角针、棘　　　　**位　　置：**枣园

识别要点：灌木，叶较小。花两性，黄绿色，五基数，具短总花梗，单生或
2~8 朵密集成腋生聚伞花序；萼片卵状三角形；花瓣倒卵圆形，
基部有爪，与雄蕊等长；花盘厚，肉质，圆形，五裂；子房下部
藏于花盘内，与花盘合生。核果小，近球形或短矩圆形，直径
0.7~1.2 厘米，具薄的中果皮，味酸；核两端钝，近球形。

主要用途：为蜜源植物。果可食或制果酱；种仁可入药。

春榆 *Ulmus davidiana var. japonica* (Rehd.) Nakai

榆属

别　　名：栓皮春榆、蜡条榆、红榆、山榆　　　　位　　置：清风路

识别要点：树皮暗灰色，小枝有时具瘤状木栓质突起。叶长 3~10 厘米，宽
　　　　　2~6 厘米，有重锯齿，被粗毛。花在去年生枝上排成簇状聚伞花
　　　　　序。翅果倒卵形或近倒卵形，长 1.3 厘米，无毛，果核位于翅果
　　　　　中上部或上部，上端接近缺口，宿存花被无毛，裂片 4 片。

主要用途：可作造林树种。木材可作家具、器具、室内装修、车辆、造船、
　　　　　地板等的用材；枝皮可代麻制绳；枝条可编筐。

郑州树木园植物图谱（木本卷）——榆科

/ 179

榔榆 *Ulmus parvifolia* Jacq.

榆属

别　　名：小叶榆、秋榆、掉皮榆、红鸡油　　　　**位　　置：**怡馨亭

识别要点：叶长 1.5~5.5 厘米，宽 1~2.8 厘米，有单锯齿。花开于秋季，花被上部杯状。翅果椭圆形或卵状椭圆形，长 10~13 毫米，除顶端缺口柱头面被毛外，余处无毛，两侧的翅较果核部分窄，果核部分位于翅果的中上部，上端接近缺口，花被片脱落或残存。

主要用途：可选作造林树种。木材可作家具、车辆、造船、器具、农具、船橹等的用材；树皮可作蜡纸及人造棉原料，可用于织麻袋、编绳索，亦可供药用。

榆树 *Ulmus pumila* L.

别　　名：白榆、家榆、榆、钻天榆　　　　**位　　置：**南门

识别要点：叶长 2~8 厘米，宽 1.2~3.5 厘米，通常单锯齿，稀重锯齿，基部通常对称，稀稍偏斜。翅果近圆形，稀倒卵状圆形，长 1.2~2 厘米，除顶端缺口柱头面被毛外，余处无毛，果核部分位于翅果的中部，上端不接近或接近缺口，成熟前后其色与果翅相同，初淡绿色，后白黄色，宿存花被无毛，四浅裂，裂片边缘有毛，果梗较花被短。

主要用途：可作华北及淮北平原和丘陵的造林或四旁绿化树种。

榆科

榆属

龙爪榆 *Ulmus pumila* 'Pendula' Kirchner

别　　名：垂榆　　　　**位　　置：**曲枝园

识别要点：树冠卵圆形或圆球形。小枝卷曲或扭曲而下垂。叶互生，绿色，通常单锯齿，稀重锯齿，基部通常对称，稀稍偏斜。翅果近圆形，稀倒卵状圆形，长 1.2~2 厘米，除顶端缺口柱头面被毛外，余处无毛，果核部分位于翅果的中部，上端不接近或接近缺口，成熟前后其色与果翅相同，初淡绿色，后白黄色，宿存花被无毛，四浅裂。

主要用途：栽培供观赏。

郑州树木园植物图谱

中华金叶榆 *Ulmus pumila* 'Zhong Hua Jin Ye'

榆属

别　　名： 金叶榆　　**位　　置：** 紫荆园

识别要点： 树冠卵圆形或圆球形。幼枝金黄色，细长。叶互生，金黄色，通常单锯齿，稀重锯齿，基部通常对称，稀稍偏斜。翅果近圆形，稀倒卵状圆形，长 1.2~2 厘米，除顶端缺口柱头面被毛外，余处无毛，果核部分位于翅果的中部，上端不接近或接近缺口，成熟前后其色与果翅相同，初淡绿色，后白黄色，宿存花被无毛，四浅裂。

主要用途： 可作绿化观赏树种。

榆科

榉属

大果榉 *Zelkova sinica* Schneid.

别　　名：小叶榉树、圆齿鸡油树、抱树、赤肚榆　　　**位　　置**：木瓜园

识别要点：树皮灰白色，呈块状剥落；一年生枝褐色或灰褐色，被灰白色柔毛，以后渐脱落。叶纸质，长 3~5 厘米，宽 1.5~2.5 厘米，侧脉 6~10 对。雌花单生于叶腋，子房外面被细毛。核果较大，直径 4~7 毫米，顶端几不凹陷，近无毛，网肋几不隆起，果梗长 2~3 毫米。

主要用途：为造林绿化、培育珍稀用材树种，亦为振兴乡土树种。木材可作车辆、农具、家具等的用材；树皮、叶可入药。

郑州树木园植物图谱

紫弹树 *Celtis biondii* Pamp.

朴属

别　　名：沙楠子树、异叶紫弹、毛果朴　　　　**位　　置：**红叶椿园

识别要点：当年生小枝幼时黄褐色，密被短柔毛，后渐脱落，果时为褐色，有散生皮孔。冬芽黑褐色，芽鳞被柔毛，内部鳞片的毛长而密。叶基部钝至近圆形，稍偏斜，先端渐尖至尾状渐尖，在中部以上疏具浅齿。果直径约 5 毫米，幼时被柔毛，成熟后脱净；总梗常短缩，因此很像果梗双生于叶腋，总梗连同果梗共长 1~2 厘米。

主要用途：根、枝、叶可入药。

黑弹树 *Celtis bungeana* Blume

朴属

别　　名：小叶朴、黑弹朴　　　　**位　　置：**玉兰园

识别要点：当年生小枝淡棕色，老后色较深，无毛，散生椭圆形皮孔，去年
生小枝灰褐色。冬芽棕色或暗棕色，鳞片无毛。叶厚纸质，基部
宽楔形至近圆形，稍偏斜至几乎不偏斜，先端尖至渐尖，中部以
上疏具不规则浅齿，有时一侧近全缘，无毛。果蓝黑色至黑色，
直径6~8毫米；果梗常单生叶腋，长为叶柄的2~3倍。

主要用途：木材可制作车辆、家具；茎皮可作造纸及人造棉原料；树皮、根
皮可入药。

珊瑚朴 *Celtis julianae* Schneid.

朴属

别　　名： 棠壳子树　　　　**位　　置：** 梅园

识别要点： 落叶乔木，幼枝密被黄毛。冬芽褐棕色，内鳞片有红棕色柔毛。叶先端具突然收缩的短渐尖至尾尖，下面密生长柔毛。果单生叶腋，果梗粗壮，长 1~3 厘米，果椭圆形至近球形，长 10~12 毫米，金黄色至橙黄色；核乳白色，倒卵形至倒宽卵形，上部有两条较明显的肋，两侧或仅下部稍压扁，基部尖至略钝，表面略有网孔状凹陷。

主要用途： 树皮纤维可代麻，或作造纸和人造棉等的原料；木材可作建筑和家具等的用材。

大麻科

青檀属

青檀 *Pteroceltis tatarinowii* Maxim.

别　　名： 檀、檀树、翼朴、摇钱树、青壳榔树　　**位　　置：** 红叶椿园

识别要点： 树皮灰色或深灰色，呈不规则的长片状剥落。叶基三出脉，叶背淡绿，在脉上有稀疏的或较密的短柔毛，脉腋有簇毛。翅果状坚果近圆形或近四方形，黄绿色或黄褐色，翅宽，有放射状条纹，下端截形或浅心形，顶端有凹缺，果实外面常有不规则的皱纹，果梗纤细。

主要用途： 为观赏树种。树皮纤维为制宣纸的主要原料；木材为制作农具、车轴、家具及建筑的上等木料；种子可榨油。

构 *Broussonetia papyrifera* (L.) L'Heritier ex Ventenat

构属

别　名：谷树、谷桑、楮、楮桃、构树　　　　**位　　置：**机器的容器园

识别要点：高大乔木。叶背面密被细绒毛，不裂或 3~5 个裂；托叶卵形。雌雄异株；雄花序为柔荑花序，粗壮，长 3~8 厘米，花被四裂，雄蕊 4 枚；雌花序球形头状，苞片棍棒状，顶端被毛，花被管状，顶端与花柱紧贴，子房卵圆形，柱头线形，被毛。聚花果直径 1.5~3 厘米。

主要用途：树皮可混纺、造纸或制人造棉；果可生食或酿酒；果实、根皮、树皮及白色汁液可入药。

无花果 *Ficus carica* L.

榕属

别　　名：阿驵、红心果　　　　　位　　置：西门

识别要点：叶互生，厚纸质，近圆形，掌状，3~5 个深裂，边缘具不规则钝齿。雌雄异株，雄花和瘿花同生于一榕果内壁，雄花生于内壁口部，花被片 4~5 片，雄蕊 3 枚；雌花花被与雄花同，子房卵圆形，光滑，花柱侧生，柱头二裂，线形。果单生叶腋，大而梨形，直径 3~5 厘米。

主要用途：可供庭园观赏。新鲜幼果及鲜叶可入药；果味甜，可食或制作蜜饯，又可药用。

柘 *Maclura tricuspidata* Carriere

别　　名：柘树、棉柘、黄桑、灰桑　　　　**位　　置：**防火瞭望塔

识别要点：直立小乔木或灌木状。小枝无毛，略具棱，有棘刺。叶全缘或 3 裂，
卵形或菱卵形，有于或无毛，侧脉 4~6 对。雌雄异株，雌雄花序
均为球形头状花序，单生或成对腋生，具短总花梗。聚花果近球
形，直径约 2.5 厘米，肉质，成熟时橘红色。

主要用途：为绿篱树种。茎皮纤维可以造纸；根皮可供药用；嫩叶可养幼蚕；
果可生食或酿酒；木材可用于制作家具或黄色染料。

郑州树木园植物图谱（木本卷）——桑科

桑 *Morus alba* L.

别　　名： 桑树、家桑、蚕桑　　　　**位　　置：** 榛树园

识别要点： 幼枝灰黄色或黄褐色。叶卵形或广卵形，常为各种分裂，表面无毛，背面沿脉有疏毛，脉腋有簇毛。花柱无，柱头二裂，内侧具乳头状突起。

主要用途： 树皮可作纺织原料、造纸原料；根皮、果实及枝条可入药；叶为养蚕的主要饲料，亦作药用，并可作土农药；木材可制家具、乐器、雕刻等；桑葚可酿酒。

鲁桑 *Morus alba* var. *Multicaulis* (Perrott.) Loud.

别　　名：女桑、湖桑、白桑　　　　位　　置：榛树园

识别要点：灌木状。叶卵形或广卵形，大而厚，叶长可达30厘米，不分裂，表面泡状皱缩，先端急尖、渐尖或圆钝，基部圆形至浅心形，边缘锯齿粗钝，有时叶为各种分裂，表面鲜绿色，无毛，背面沿脉有疏毛，脉腋有簇毛；托叶披针形，早落。聚花果圆筒状，长1.5~2厘米，成熟时白绿色或紫黑色。

主要用途：叶大，肉厚多汁，为家蚕的良好饲料。

华桑 *Morus cathayana* Hemsl.

别　　名： 花桑、葫芦桑　　　　**位　　置：** 榛树园

识别要点： 树皮灰白色，平滑。叶边缘具疏浅锯齿或钝锯齿，有时分裂，表面粗糙，疏生短伏毛，基部沿叶脉被柔毛，背面密被白色柔毛。花雌雄同株异序，雄花序长 3~5 厘米，雄花花被片 4 片，黄绿色，长卵形，外面被毛，雄蕊 4 枚，退化雌蕊小；雌花序长 1~3 厘米，花柱短，柱头二裂，内面被毛。聚花果径在 1 厘米以下，柱头具柔毛。

主要用途： 可作庭园树和公园绿化树种。

栗 *Castanea mollissima* Blume

别　　名： 板栗、栗子　　　**位　　置：** 玉兰园

识别要点： 小枝灰褐色，托叶长圆形，长 10~15 毫米，被疏长毛及鳞腺。叶背被星芒状伏贴绒毛或因毛脱落变为近无毛，无鳞腺。雄花序长 10~20 厘米，花序轴被毛；花 3~5 朵聚生成簇，雌花 1~3（5）朵发育结实，花柱下部被毛。壳斗连刺直径 4.5~6.5 厘米，坚果高 1.5~3 厘米，宽 1.8~3.5 厘米。

主要用途： 为优质木材。叶可作蚕饲料。

槲栎 *Quercus aliena* Blume

别　　名：青冈树　　　　**位　　置：**金钱松园南侧

识别要点：叶长 12~30 厘米，先端圆钝，微有凹缺，波状缺刻，背面被星状毛。雄花序长 4~8 厘米，雄花单生或数朵簇生于花序轴，花被六裂，雄蕊通常 10 枚；雌花序生于新枝叶腋，单生或 2~3 朵簇生。壳斗鳞片长约 1 厘米，红棕色，反曲或直立，包着坚果 1/3~1/2。

主要用途：木材可作建筑、家具等的用材；种子可榨油，也可酿酒。

橿子栎 *Quercus baronii* Skan

栎属

别　　名：僵子栎　　　　**位　　置：**海棠园

识别要点：小枝幼时被星状柔毛。叶片卵状披针形，顶端渐尖，侧脉每边
6~7 条。雄花序长约 2 厘米，花序轴被绒毛；雌花序长 1~1.5 厘米，
具 1 至数朵花。壳斗连线状鳞片横径 1.2~1.6 厘米；坚果卵形或
椭圆形，高 1.5~1.8 厘米；柱座长约 2 毫米，被白色短柔毛。

主要用途：为优良薪炭材。木材可作车辆、家具等的用材；种子含淀粉；树
皮和壳斗可提取栲胶。

槲树 *Quercus dentata* Thunb.

别　　名：柞栎、波罗栎、波罗叶　　　　**位　　置：**金钱松园南侧

识别要点：叶片倒卵形，具粗大锯齿或裂片呈指状，叶背面密被灰褐色星状绒毛。雄花序生于新枝叶腋，长 4~10 厘米，花序轴密被淡褐色绒毛；雄蕊通常 8~10 枚；雌花序生于新枝上部叶腋，长 1~3 厘米。壳斗小苞片包着坚果一半以上，长约 1 厘米以上，位于顶部的略反卷。

主要用途：木材可作坑木、地板等的用材；叶可饲柞蚕；种子可酿酒或作饲料；树皮、种子可入药作收敛剂；树皮、壳斗可提取栲胶。

壳斗科

栎属

青冈 *Quercus glauca* Thunb.

别　　名：九棕、青冈栎　　　　**位　　置：**玉兰园

识别要点：常绿乔木。叶中部以上最宽，叶背紧贴平伏毛，常有白色鳞
秕，叶缘中部以上有疏锯齿；叶柄粗壮。雄花序长 5~6 厘米，
花序轴被苍色绒毛。果序着生果 2~3 个。壳斗碗形，包着坚果
1/3~1/2；小苞片合生成 5~6 条同心环带，环带全缘或有细缺刻，
排列紧密。

主要用途：木材可作桩柱、车船、工具柄等的用材；种子可作饲料或用于酿
酒；树皮可提取栲胶。

郑州树木园植物图谱（木本卷）——壳斗科

枹栎 *Quercus serrata* Murray

别　　名：短柄枹栎、枹树　　　　位　　置：金钱松园南侧

识别要点：叶常聚生于枝顶，叶片较小；叶缘具内弯浅锯齿，齿端具腺；
　　　　　叶柄短，长 2~5 毫米。雄花序长 8~12 厘米，花序轴密被白毛，
　　　　　雄蕊 8 枚；雌花序长 1.5~3 厘米。壳斗包着坚果 1/4~1/3；小苞
　　　　　片长三角形，贴生，边缘具柔毛。坚果卵形至卵圆形，果脐平坦。

主要用途：木材坚硬，可作建筑、车辆等的用材；种子富含淀粉，可用于酿
　　　　　酒和制作饮料；树皮可提取栲胶；叶可饲养柞蚕。

栎属

栓皮栎 *Quercus variabilis* Blume

别　　名：软木栎、粗皮青冈　　　　**位　　置：**金钱松园南侧

识别要点：树皮木栓层厚。叶缘有刺芒状锯齿，叶背面密被灰白色星状毛。雄花序长达 14 厘米，花序轴密被褐色绒毛，花被 4~6 个裂，雄蕊 10 枚或较多；雌花序生于新枝上端叶腋。壳斗连鳞片直径 2.5~4 厘米，包着坚果 2/3，鳞片钻形反曲。坚果近球形或宽卵形，直径约 1.5 厘米，顶端圆，果脐突起。

主要用途：为生产软木的主要原料。壳斗、树皮富含单宁，可提取栲胶。

杨梅科

杨梅属

杨梅 *Morella rubra Lour.*

别　　名： 山杨梅、朱红、珠蓉、树梅　　　　**位　　置：** 海棠园

识别要点： 叶常绿，革质，无毛，常密集于小枝上端部分，边缘中部以上具稀疏锐锯齿，中部以下常为全缘。花雌雄异株。雄花通常不分枝，呈单穗状；雌花序常单生于叶腋，顶端极短的花柱及鲜红色的细长柱头。核果球状，外表面具乳头状突起，直径1~1.5厘米，栽培品种可达3厘米左右，外果皮肉质，味酸甜，成熟时深红色或紫红色。

主要用途： 树根、树皮和果实可入药。

黑胡桃 *Juglans nigra* L.

别　　名：黑核桃、美国黑核桃　　　　**位　　置：**红叶园

识别要点：落叶乔木。一年生枝条被灰白色柔毛，皮孔浅褐色。一回奇数羽
状复叶，互生；小叶片披针形；叶柄及叶轴密被柔毛。雌雄同株；
雄花序为柔荑花序，着生于侧芽处；雌花序顶生，小花 2~5 朵一簇。
果序短，具果实 1~3 个；果核表面无明显的纵棱，有不规则刻状
条纹。

主要用途：为绿化树种。种仁含油量高，可生食，亦可榨油食用；木材坚实，
是很好的硬木材料。

胡桃 *Juglans regia* L.

别　　名：核桃　　　　**位　　置：**玉兰园、童趣园

识别要点：小枝无毛，小叶 5~9 片，稀 3 片，全缘或幼叶具疏锯齿，仅下面侧脉腋内具簇短柔毛。雄性柔荑花序下垂；雄花的苞片、小苞片及花被片均被腺毛；雄蕊 6~30 枚，花药黄色，无毛；雌性穗状花序通常具 1~3（4）朵雌花；雌花的总苞被极短腺毛。果实近于球状，1~3 个。

主要用途：种仁含油量高，可生食，亦可榨油食用；木材坚实，是很好的硬木材料。

化香树属

化香树 *Platycarya strobilacea* Sieb. et Zucc.

别　　名： 花木香、还香树、皮杆条、山麻柳、栲香　　**位　　置：** 玉兰园

识别要点： 叶总柄显著较叶轴短；小叶 7~23 片，有锯齿，近无柄，顶生小叶柄长 2~3 厘米。两性花序和雄花序在小枝顶端排列成伞房状花序束，直立；两性花序通常着生于中央顶端，长 5~10 厘米，雌花序位于下部，长 1~3 厘米，雄花序部分位于上部。果序卵状椭圆形。

主要用途： 树皮、根皮、叶和果序均可提取栲胶；树皮亦能剥取纤维；叶可作农药；根部及老木含有芳香油；种子可榨油。

胡桃科

枫杨属

枫杨 *Pterocarya stenoptera* C. DC.

别　　名：麻柳、马尿骚、蜈蚣柳　　　　**位　　置：**紫荆园

识别要点：薄片状髓，偶数羽状复叶，叶轴显著有翅；小叶矩圆形或卵状矩圆形，顶端圆钝至急尖。雄性柔荑花序单独生于去年生枝条上叶痕腋内，花序轴常有稀疏的星芒状毛。雌性柔荑花序顶生，花序轴密被星芒状毛及单毛，具 2 片不孕性苞片。果翅条形。

主要用途：可作庭园树或行道树。树皮和枝皮含鞣质，可提取栲胶，亦可作纤维原料；果实可作饲料或用于酿酒；种子可榨油。

桦木科

桦木属

红桦 *Betula albosinensis* Burkill

别　　名： 纸皮桦、红皮桦　　　　**位　　置：** 木瓜园

识别要点： 树皮红褐色，被白粉。小枝疏被短柔毛或无毛。叶的背面沿脉疏被长柔毛或无毛，脉腋间通常无髯毛，有时具稀少的髯毛。雄花序圆柱形，无梗；苞鳞紫红色。果序圆柱形，单生或同时具有2~4枚排成总状；序梗纤细，疏被短柔毛；果苞顶端圆，长及中裂片的1/3。

主要用途： 木材质地坚硬，结构细密，花纹美观，但较脆，可制作用具或胶合板；树皮可制作帽子或用于包装。

鹅耳枥 *Carpinus turczaninowii* Hance

鹅耳枥属

别　　名: 穗子榆　　　　**位　　置:** 金钱松园南面

识别要点: 叶缘具规则或不规则的重锯齿,顶端锐尖或渐尖。果苞变异较大,半宽卵形、半卵形、半矩圆形至卵形,长6~20毫米,宽4~10毫米,内侧的基部具一片内折的卵形小裂片,外侧的基部无裂片,中裂片内侧边缘全缘或疏生不明显的小齿,外侧边缘具不规则的缺刻状粗锯齿或具2~3个齿裂。小坚果无毛,有时顶端疏生长柔毛。

主要用途: 木材可制农具、家具、日用小器具等。种子含油,可供食用或工业用。

榛 *Corylus heterophylla* Fisch. ex Trautv.

榛属

别　　名：平榛、榛子　　　　**位　　置：**榛树园

识别要点：小枝密被长和短柔毛，小枝和果苞或稀或密，具刺状腺体。叶顶端凹缺或截形，中央具三角状突尖。花药黄色。果苞钟状，外面具细条棱，密被短柔毛，兼有疏生的长柔毛，密生刺状腺体，很少无腺体，较果长但不超过1倍，很少较果短，上部浅裂，裂片三角形，边缘全缘，很少具疏锯齿；序梗长约1.5厘米，密被短柔毛。

主要用途：种子可食，并可榨油。

郑州树木园植物图谱（木本卷）——桦木科

/ 209

南蛇藤 *Celastrus orbiculatus* Thunb.

卫矛科

南蛇藤属

别　　名：蔓性落霜红、大南蛇、香龙草　**位　　置：**林韵广场、金水月季园

识别要点：腋芽长 1~3 毫米。叶阔倒卵形或长方椭圆形，先端圆阔，具有小尖头或短渐尖。聚伞花序小花 1~3 朵；雄花萼片钝三角形；花盘浅杯状，顶端圆钝；雄蕊长 2~3 毫米，退化雌蕊不发达；雌花花冠较雄花窄小，花盘稍深厚，肉质，退化雄蕊极短小；子房近球状，柱头三深裂，裂端再二浅裂。蒴果直径 8~10 毫米。

主要用途：成熟果实可制作中药合欢花；树皮可制优质纤维。

卫矛 *Euonymus alatus* (Thunb.) Sieb.

卫矛属

别　　名： 鬼箭羽、艳龄茶、南昌卫矛、毛脉卫矛　　　　**位　　置：** 玉兰园

识别要点： 落叶灌木。小枝有 2~4 列宽扁木栓翅；叶卵状椭圆形或窄长椭
圆形，长 2~8 厘米。聚伞花序 1~3 朵花；花序梗长约 1 厘米，
小花梗长 5 毫米；花白绿色，直径约 8 毫米，四基数；萼片半
圆形；花瓣近圆形；雄蕊着生于花盘边缘处，花丝极短，开花
后稍增长，花药宽阔长方形，二室顶裂。蒴果深裂，1~4 个果瓣。
种皮全包种子。

主要用途： 可作庭园观赏树。根、树皮及叶可提取栲胶；枝可入药；种子油
可供工业用。

扶芳藤 *Euonymus fortunei* (Turcz.) Hand. -Mazz.

卫矛属

别　　名：爬行卫矛、胶东卫矛、常春卫矛　　　　**位　　置：**地球小调园

识别要点：常绿藤本灌木。叶椭圆形，薄革质；叶柄长 3~6 毫米。聚伞花序 3~4 次分枝；花序梗长 1.5~3 厘米，第一次分枝长 5~10 毫米，第二次分枝长 5 毫米以下，最终小聚伞花密集，有花 4~7 朵，分枝中央有单花；花白绿色，四基数；花盘方形；花丝细长，花药圆心形；子房三角锥状，四棱，花柱长约 1 毫米。果近球形，直径 0.6~1.2 厘米。

主要用途：可作庭园观赏树。茎叶可入药。

卫矛科

卫矛属

冬青卫矛 *Euonymus japonicus* Thunb.

别　　名：正木、大叶黄杨　　　　**位　　置：**林韵广场

识别要点：直立灌木。叶革质，有光泽，倒卵形或椭圆形；叶柄长约 1 厘米。
聚伞花序 5~12 朵花，花序梗 2~3 次分枝，分枝及花序梗均扁壮，
第三次分枝常与小花梗等长或较短；花白绿色，直径 5~7 毫米；
花瓣近卵圆形，长宽各约 2 毫米，雄蕊花药长圆状，内向；
子房每室 2 粒胚珠，着生于中轴顶部。蒴果近球状。种子每
室 1 粒。

主要用途：可作庭园观赏树。树皮含硬橡胶，可入药。

郑州树木园植物图谱（木本卷）——卫矛科

白杜 *Euonymus maackii* Rupr.

卫矛属

别　　名： 明开夜合、丝棉木、华北卫矛、桃叶卫矛　　**位　　置：** 榆叶梅园

识别要点： 小乔木，枝无翅。叶长 4~8 厘米，宽 2~5 厘米，具深而锐细锯齿；叶柄细长。聚伞花序 3 至多朵花；花四基数，淡白绿色或黄绿色，直径约 8 毫米；小花梗长 2.5~4 毫米；雄蕊花药紫红色，花丝细长，长 1~2 毫米。蒴果倒圆心状，四浅裂，果皮粉红色。

主要用途： 可作庭园观赏树。种子可制肥皂；树皮含硬橡胶，根和花果均可入药；木材可作细工雕刻的用材。

金丝桃 _Hypericum monogynum_ L.

别　　名：狗胡花、金线蝴蝶、过路黄、金丝海棠　　　　**位　　置：**健康路

识别要点：叶片下面密集脉网，最宽处通常在中部或中部以上，长 2~11.2 厘米。花序具 1~15（30）朵花；花直径 3~6.5 厘米，星状；花蕾卵珠形；萼片全缘，中脉分明，细脉不明显；花瓣金黄色至柠檬黄色，无红晕，三角状倒卵形，边缘全缘，无腺体，有侧生的小尖突，小尖突先端锐尖至圆形或消失。雄蕊 5 束，每束有雄蕊 25~35 枚。

主要用途：花美丽，可供观赏；果实及根可药用。

山桐子属

山桐子 *Idesia polycarpa* Maxim.

别　　名：斗霜红、椅树、水冬桐、水冬瓜　　　　　**位　　置：**梅园

识别要点：叶下面有白粉，沿脉有疏柔毛，脉腋有丛毛；叶柄无毛，下部有
2~4个紫色扁平腺体。花序梗有疏柔毛。浆果成熟期紫红色，扁
圆形，宽过于长。

主要用途：为山地营造速生混交林和经济林的优良树种；为蜜源植物；为山
地、园林的观赏树种。木材可作建筑、家具、器具等的用材；果
实、种子均含油。

杨柳科

杨属

加杨 *Populus × canadensis* Moench

别　　名： 加拿大杨、欧美杨、加拿大白杨　　　　**位　　置：** 夏荷路

识别要点： 叶柄有 1~2 个腺体，稀无，短枝叶三角形或三角状卵形，边缘半透明，有圆锯齿，下面淡绿色。雄花序长 7~15 厘米，每朵花有雄蕊 15~25（40）枚；苞片淡绿褐色，丝状深裂，花盘淡黄绿色，全缘，花丝细长，超出花盘；雌花序有花 45~50 朵，柱头四裂。果 2~3 瓣裂。

主要用途： 为绿化树种。木材可作箱板、家具、火柴杆、牙签和造纸等的用材；树皮可提取栲胶，可作黄色染料。

毛白杨 *Populus tomentosa* Carrière

杨属

别　　名：大叶杨、响杨　　　　**位　　置：**芳香园

识别要点：皮孔菱形，花芽微被毡毛。叶先端渐尖，具深齿牙缘；长枝叶下面密生毡毛，后渐脱落，短枝叶长 7~11（15）厘米，下面光滑。雄花序长 10~14（20）厘米，雄花苞片约具 10 个尖头，密生长毛，雄蕊 6~12 枚；雌花序长 4~7 厘米，苞片褐色，尖裂，沿边缘有长毛；柱头粉红色。蒴果圆锥形或长卵形，2 瓣裂。

主要用途：为优良庭园绿化树或行道树，也为华北地区速生用材造林树种。

杨柳科

垂柳 *Salix babylonica* L.

柳属

别　　名：柳树、水柳、垂丝柳、清明柳　　　　位　　置：曲桥寻芳园

识别要点：枝褐色下垂，树冠开展而疏散。叶狭披针形，先端长渐尖，两面绿色；托叶仅生在萌发枝上。雄花序长 1.5~2（3）厘米，有短梗，轴有毛；雄蕊 2 枚，花丝与苞片近等长或较长，花药红黄色；腺体 2 个；雌花序长达 2~3（5）厘米，有梗，基部有 3~4 片小叶，轴有毛；子房椭圆形，花柱短，柱头 2~4 个深裂；苞片披针形，外面有毛；腺体 1 个。

主要用途：为绿化树种。木材可作家具的用材；枝条可编筐；树皮可提取栲胶；叶可作羊饲料。

杨柳科

旱柳 *Salix matsudana* Koidz.

柳属

别　　名： 江柳、立柳、直柳　　　　**位　　置：** 曲桥寻芳园

识别要点： 大枝斜上，枝细长，直立或斜展。叶狭披针形，先端长渐尖，下面苍白色或带白色，有细腺锯齿缘；托叶披针形或缺。花序与叶同时开放；雄花序圆柱形，轴有长毛；雄蕊2枚；苞片卵形；腺体2个；雌花序长达2厘米，基部有3~5片小叶生于短花序梗上；子房近无柄，无毛。

主要用途： 为蜜源树和四旁绿化树。木材可作建筑、器具、造纸、人造棉、火药等的用材；细枝可编筐；叶为冬季羊饲料。

杨柳科

柳属

龙爪柳 *Salix matsudana* f. *tortuosa* (Vilm.) Rehd.

别　　名：龙须柳　　　　**位　　置：**芳香园南面

识别要点：大枝斜上，树冠广圆形，枝卷曲。芽微有短柔毛。叶狭披针形，
　　　　　　先端长渐尖，下面苍白色或带白色，有细腺锯齿缘；托叶披针形
　　　　　　或缺。花序与叶同时开放；雄花序圆柱形，轴有长毛；雄蕊 2 枚；
　　　　　　苞片卵形；腺体 2 个；雌花序长达 2 厘米，基部有 3~5 片小叶生
　　　　　　于短花序梗上；子房近无柄，无毛；腺体 2 个，背生和腹生。

主要用途：常用作园林绿化树种。

皂柳 *Salix wallichiana* Anderss.

柳属

别　　名：红心柳　　**位　　置：**海棠园

识别要点：叶柄上端无腺体，叶披针形，较狭，长 4~8（10）厘米，宽 1~2.5（3）厘米，上平滑，下发白，全缘；托叶半心形。雄花序长 1.5~2.5（3）厘米；雄蕊 2 枚，花药椭圆形，黄色，花丝纤细，离生；腺 1 个；雌花序圆柱形，2.5~4 厘米长，果序可伸长至 12 厘米；子房密被短柔毛，花柱短至明显，柱头直立，2~4 个裂；苞片长圆形，有长毛。

主要用途：枝条可编筐篓；板材可制木箱；根可入药，治风湿性关节炎。

山麻秆 *Alchornea davidii* Franch.

别　　名： 山麻杆、荷包麻　　　　**位　　置：** 机器的容器园

识别要点： 落叶灌木。嫩枝被灰白色短绒毛，一年生小枝具微柔毛。叶薄纸质，锯齿齿端具腺体；基出脉 3 条。雌雄异株；雄花序穗状，1~3 个生于一年生枝已落叶腋部，花序梗几无，苞片卵形，雄花 5~6 朵簇生于苞腋，花梗基部具关节；雌花序总状，顶生，具花 4~7 朵，各部均被短柔毛，花梗短。蒴果具 3 条圆棱。种子具小瘤体。

主要用途： 茎皮纤维为制纸原料；叶可作饲料。

野桐 *Mallotus tenuifolius* Pax

野桐属

别　　名： 巴巴树　　　　**位　　置：** 紫叶李园

识别要点： 嫩枝具纵棱，枝、叶柄和花序轴均密被褐色星状毛。叶互生，下面疏被星状粗毛或无毛，下表皮明显可见；基出脉3条；侧脉5~7对，近叶柄具黑色圆形腺体2个。花雌雄异株；雌花序总状，不分枝。蒴果密被有星状毛的软刺和红色腺点。种子近球形，褐色或暗褐色，具皱纹。

主要用途： 茎皮纤维可供造纸及制绳索；种子油可制肥皂和润滑剂等。

乌桕 *Triadica sebifera* (L.) Small

乌桕属

别　　名： 木子树、柏子树、腊子树、米柏、糠柏　　**位　　置：** 防火瞭望塔

识别要点： 叶阔卵形，长 3~13 厘米，宽 3~9 厘米，叶柄顶端具 2 个腺体。花单性，雌雄同株，聚集成顶生、长 3~12 毫米的总状花序，雌花生于花序轴下部，雄花生于花序轴上部，或有时整个花序全为雄花。果序下垂，长 13~35（45）厘米。种子被蜡被。

主要用途： 木材用途广；叶为黑色染料；根皮可治毒蛇咬伤；白色的蜡质层（假种皮）溶解后可制肥皂、蜡烛；种子油可作涂料。

叶下珠科

白饭树属

一叶萩 *Flueggea suffruticosa* (Pall.) Baill.

别　　名： 山嵩树、狗梢条、白几木、叶底珠　　**位　　置：** 绣球园

识别要点： 叶片全缘或有波状齿或细锯齿。雌雄异株，簇生于叶腋；雄花3~18朵簇生，萼片通常5片，椭圆形，全缘或具不明显的细齿；雄蕊5枚；雌花花梗长2~15毫米，萼片5片，椭圆形至卵形，近全缘，背部呈龙骨状突起；子房卵圆形，3（2）室，花柱3枚，分离或基部合生。蒴果三棱状扁球形，直径4~5毫米，淡红褐色，果皮开裂。

主要用途： 茎皮可作纺织原料；枝条可编制用具；根皮、叶和花可入药。

算盘子 *Glochidion puberum* (L.) Hutch.

别　　名：算盘珠、野南瓜、狮子滚球、百家桔　　　位　　置：紫叶李园

识别要点：灌木；小枝、叶下面、萼片外、子房和果密被短柔毛。叶宽 1~2
厘米。雌雄花萼狭长圆形或长圆状倒卵形，长 2.5~3.5 毫米；花
柱合生呈环状。蒴果扁球状，边缘有 8~10 条纵沟，成熟时带红色，
顶端具有环状而稍伸长的宿存花柱；种子近肾形，具三棱。

主要用途：种子可榨油，供制肥皂或作润滑油；根、茎、叶和果实均可入药；
也可作农药；全株可提取栲胶；叶可作绿肥，置于粪池可杀蛆。

雀儿舌头 *Leptopus chinensis* (Bunge) Pojark.

叶下珠科

雀舌木属

别　　名： 黑钩叶、断肠草　　　　**位　　置：** 芳香园

识别要点： 枝条、叶片、叶柄和萼片幼时被疏毛，其余无毛。雌雄同株，花单生或 2~3 朵簇生，五基数；雄花花梗长 0.6~1 厘米，腺体顶端 2 个深裂；雌花花梗长 1.5~2.5 厘米；花瓣倒卵形，长 1.5 毫米，宽 0.7 毫米；雌花萼片与雄花的相同；花盘环状，10 裂，至中部，裂片长圆形；子房近球形，3 室，每室有胚珠 2 粒，花柱 3 枚，2 个深裂。

主要用途： 为优良的林下植物，也可作庭园绿化灌木。叶可作杀虫农药。

千屈菜科

紫薇属

紫薇 *Lagerstroemia indica* L.

别　　名：无皮树、百日红、蚊子花、紫兰花、痒痒树　位　　置：海棠园

识别要点：小枝 4 条棱，有狭翅。叶椭圆形或倒卵形，无柄或极短。花较大；花梗长 3~15 毫米，中轴及花梗均被柔毛；花萼外面平滑无棱，两面无毛，裂片 6 片，三角形，直立，无附属体；花瓣 6 片，皱缩，长 12~20 毫米，具长爪；雄蕊 36~42 枚，外面 6 个着生于花萼上，比其余的长得多；子房 3~6 室，无毛。果长 1~1.2 厘米。

主要用途：木材可作农具、家具、建筑等的用材；根、树皮、叶及花可入药。

郑州树木园植物图谱（木本卷）——千屈菜科

/ 229

千屈菜科

紫薇属

南紫薇 *Lagerstroemia subcostata* Koehne

别　　名： 拘那花、苞饭花、九荂、蚊仔花、马铃花　　**位　　置：** 海棠园西侧

识别要点： 小枝无毛或微被毛。叶矩圆形或矩圆状披针形，叶柄长 2~5 毫米。圆锥花序；花萼有棱 10~12 条，5 裂，裂片三角形，直立，内面无毛；花瓣 6 片，皱缩，有爪；雄蕊 15~30 枚，5~6 枚较长，12~14 枚较短，着生于萼片或花瓣上，花丝细长；子房无毛，5~6 室。

主要用途： 材质可作家具、细工及建筑的用材，也可作轻便铁枕木；花可药用。

郑州树木园植物图谱

石榴 *Punica granatum* L.

别　　名：若榴木、丹若、花石榴　　　**位　　置**：石榴园

识别要点：叶通常对生，矩圆状披针形；叶柄短。花大，1~5 朵生于枝顶；萼筒长 2~3 厘米，通常红色或淡黄色；裂片卵状三角形，外面近顶端有 1 个黄绿色腺体，边缘有小乳突；花瓣通常大，红色，顶端圆形；花丝无毛，长达 13 毫米；花柱长超过雄蕊。浆果近球形，直径 5~12 厘米。种子多数，钝角形，红色至乳白色。

主要用途：果皮、根皮可入药；树皮、根皮和果皮可提取栲胶。

白石榴 *Punica granatum* 'Albescens' DC.

别　　名：山力叶、安石榴　　　　**位　　置：**休闲广场

识别要点：叶通常对生，矩圆状披针形；叶柄短。花大，1~5 朵生于枝顶；萼筒长 2~3 厘米，通常红色或淡黄色；裂片卵状三角形，外面近顶端有 1 个黄绿色腺体，边缘有小乳突；花瓣通常大，白色，顶端圆形；花丝无毛，长达 13 毫米；花柱长超过雄蕊。浆果近球形，直径 5~12 厘米。种子多数，钝角形，红色至乳白色。

主要用途：果皮、根皮可入药；树皮、根皮和果皮可提取栲胶。

旌节花属

中国旌节花 *Stachyurus chinensis* Franch.

别　名：旌节花、萝卜药、水凉子　　　　**位　置：**紫叶李园

识别要点：叶片卵形，长圆状卵形至长圆状椭圆形，基部圆形或近心形，两面无毛或仅沿主脉和侧脉疏被短柔毛。穗状花序腋生，先于叶开放，无梗；花黄色；苞片1片，三角状卵形，顶端急尖；小苞片2片；萼片4片，黄绿色，顶端钝；花瓣4片；雄蕊8枚，与花瓣等长，花药长圆形，纵裂，2室；子房瓶状，柱头头状，不裂。

主要用途：栽培供观赏。茎髓可供药用。

瘿椒树 *Tapiscia sinensis Oliv.*

瘿椒树科

瘿椒树属

别　　名：丹树、瘿漆树、银雀树、皮巴风、泡花　　　　**位　　置**：海棠园

识别要点：叶互生，奇数羽状复叶，小叶 5~9 片，无毛或仅脉腋被毛，背面带灰白色，密被近乳头状白粉点。雄花与两性花异株；雄花序长达 25 厘米，两性花的花序长约 10 厘米，花小，长约 2 毫米，黄色，有香气；两性花的花萼钟状，长约 1 毫米，5 个浅裂；花瓣 5 片；雄蕊 5 枚，与花瓣互生，伸出花外；子房 1 室，花柱长超过雄蕊；雄花有退化雌蕊。

主要用途：可作园林绿化观赏树。木材可制家具。

郑州树木园植物图谱

毛黄栌 *Cotinus coggygria* var. *pubescens* Engl.

别　　名：柔毛黄栌　　　　**位　　置：**桐之韵广场

识别要点：叶多为阔椭圆形，稀圆形，叶背尤其沿脉上和叶柄密被柔毛。圆锥花序无毛或近无毛；花杂性，直径约 3 毫米；花萼无毛，裂片卵状三角形；花瓣卵形或卵状披针形，无毛；雄蕊 5 枚，花药卵形，与花丝等长，花盘五裂，紫褐色；子房近球形，直径约 0.5 毫米，花柱 3 枚，分离，不等长，果肾形，长约 4.5 毫米，宽约 2.5 毫米，无毛。

主要用途：栽培供观赏。

漆树科

黄栌属

美国红栌 *Cotinus obovatus Raf.*

别　　名： 红栌　　　　**位　　置：** 玉兰园

识别要点： 树冠圆形至半圆形，小枝紫褐色，被蜡粉。单叶互生，卵形。圆锥花序有暗紫色毛，花小，杂性，黄绿色，不孕花有紫红色羽状花梗宿存。初春时嫩叶为鲜红色；春夏之交，叶色红而亮丽；盛夏时节，树体下部叶片开始逐渐转为绿色，但顶梢新生叶始终保持为深红色；而入秋之后，整体叶色又逐渐转为暗红色或深红色。核果肾形。

主要用途： 常作公园及庭园的绿化树，也可片植作绿地彩叶风景观赏林。

郑州树木园植物图谱

漆树科

黄连木属

黄连木 *Pistacia chinensis* Bunge

别　　名：楷木、黄连茶、岩拐角、凉茶树、药树　　**位　　置**：风车附近

识别要点：奇数羽状复叶，有小叶 5~6 对，纸质，披针形，先端渐尖。花单
性异株，先花后叶；圆锥花序腋生，雄花序排列紧密，长 6~7 厘米，
雌花序排列疏松，长 15~20 厘米，均被微柔毛；苞片披针形或狭
披针形，内凹，边缘具睫毛。果球形，较小，直径约 5 毫米。

主要用途：木材可提取黄色染料，可作家具和细工的用材；种子榨油可作润
滑油或用于制皂；幼叶可充当蔬菜，并可代茶。

漆树科

盐麸木属

盐麸木 *Rhus chinensis* Mill.

别　　名：肤杨树、角倍、五倍子树、红盐果、土椿树　　位　　置：木瓜园

识别要点：叶轴具叶状翅；小叶 7~15 片，边缘具粗锯齿，长 6~12 厘米，宽 3~7 厘米，无柄。圆锥花序宽大，多分枝，雄花序长 30~40 厘米，雌花序较短，密被锈色柔毛；苞片披针形，长约 1 毫米，被微柔毛，小苞片极小，花白色，花梗长约 1 毫米，被微柔毛。

主要用途：本种寄生的五倍子蚜虫形成的五倍子，可供鞣革、医药、塑料和墨水等工业用；幼枝和叶可作土农药；果泡水可代醋用；种子可榨油；根、叶、花及果均可入药。

盐麸木属

火炬树 *Rhus typhina* L.

别　　名：鹿角漆、火炬漆　　　　位　　置：夏荷路

识别要点：小枝、花序和叶片密生茸毛。小叶有细密又整齐的锯齿。叶轴无翅，小叶19~23片，长椭圆状披针形，长5~12厘米，先端长渐尖，有锐锯齿。雌雄异株，圆锥花序长10~20厘米，直立，密生绒毛；花白色，雌花花柱有红色刺毛。核果深红色，密被毛，密集成火炬形，花柱宿存。

主要用途：可作风景园林树种。

郑州树木园植物图谱（木本卷）——漆树科

/ 239

三角槭 *Acer buergerianum* Miq.

别　名：三角枫　　　　　**位　置**：桐之韵广场

识别要点：叶椭圆形或倒卵形，上部 3 个浅裂和不分裂，下面有白粉。花多数常呈顶生被短柔毛的伞房花序；萼片 5 片，黄绿色；花瓣 5 片，淡黄色，先端钝圆；雄蕊 8 枚；子房密被淡黄色长柔毛，花柱 2 裂。小坚果凸起，连同翅长 2.5~3 厘米，张开呈锐角或近于直立。

主要用途：可作庭园树、行道树、护堤树及绿篱。木材可作车轮、细工或家具的用材；树皮纤维可造纸。

台湾三角槭 *Acer buergerianum var. formosanum* (Hayata ex Koidz.) Sasaki

别　　名：台湾糖枫　　　　位　　置：海棠园

识别要点：叶系薄纸质，卵形或椭圆形，不分裂或浅裂 3 个，侧裂片短而钝尖。花多数常呈顶生被短柔毛的伞房花序；萼片 5 片，黄绿色；花瓣 5 片，淡黄色，先端钝圆；雄蕊 8 枚，花盘无毛，微分裂，位于雄蕊外侧；子房密被淡黄色长柔毛，花柱无毛，2 裂。翅果长 2.5~3 厘米，张开近于钝角或水平。

主要用途：作庭园观赏树。

无患子科

槭属

樟叶槭 *Acer coriaceifolium Lévl.*

别　　名：桂叶槭、革叶槭　　　　　**位　　置**：机器的容器园

识别要点：叶革质，常绿，全缘，通常不分裂，下面常被白粉。花序伞房状，有黄绿色绒毛；花杂性，雄花与两性花同株；萼片 5 片，淡绿色，长圆形；花瓣 5 片，与萼片近于等长；雄蕊 8 枚，长于花瓣；花盘被淡白色长柔毛；花柱 2 裂，柱头反卷。翅果长 3~3.5 厘米，张开呈钝角。

主要用途：可作庭荫树、行道树。花可作蜜源；木材坚韧细致，是良好的建筑、家具和细木工的用材。

无患子科

槭属

葛萝槭 *Acer davidii* subsp. *grosseri* (Pax) P. C. de Jong

别　　名：葛罗枫　　　位　　置：林韵广场

识别要点：叶纸质，卵形，边缘具重锯齿，基部近于心脏形。花淡黄绿色，
　　　　　单性，雌雄异株，常呈细瘦下垂的总状花序；萼片 5 片；花瓣
　　　　　5 片；雄蕊 8 枚，在雌花中不发育；花盘无毛，位于雄蕊的内侧；
　　　　　子房在雄花中不发育；花梗长 3~4 毫米。翅果长 2.0~2.5 厘米，
　　　　　张开呈钝角或近于水平。

主要用途：为优良的蜜源植物，可作行道树及风景林树种。

郑州树木园植物图谱（木本卷）——无患子科

/ 243

无患子科

槭属

血皮槭 *Acer griseum* (Franch.) Pax

别　　名：马梨光　　　　位　　置：银杏园

识别要点：小枝、叶下面和果密被毛；3 小叶边缘有 2~3 个钝齿。聚伞花序，被长柔毛，常仅有 3 朵花；花淡黄色，杂性，雄花与两性花异株；萼片 5 片；雄蕊 10 枚，花丝无毛，花药黄色；花盘位于雄蕊的外侧；子房有绒毛。翅果长 3.2~3.8 厘米，翅宽约 1.4 厘米，张开近锐角或直角。

主要用途：为优良的园林观赏树种。木材坚硬，可制各种贵重器具；树皮的纤维良好，可以制绳和造纸。

槭属

建始槭 *Acer henryi* Pax

别　　名：三叶槭、亨氏槭、亨利槭、三叶枫　　　　**位　　置：**林韵广场

识别要点：羽状复叶，小叶 3 片。穗状花序，下垂，长 7~9 厘米，被短柔毛，常由 2~3 年无叶的小枝旁边生出，稀由小枝顶端生出，近于无花梗，花序下无叶；花淡绿色，单性，雄花与雌花异株；萼片 5 片，卵形；花瓣 5 片，短小或不发育；雄花有雄蕊 4~6 枚，通常 5 枚，长约 2 毫米；花盘微发育；雌花的子房无毛，花柱短，柱头反卷。果无毛。

主要用途：可作庭园绿化树。

梣叶槭 *Acer negundo* L.

别　　名: 糖槭、白蜡槭、美国槭、复叶槭、羽叶槭　　**位　　置:** 紫荆园

识别要点: 小枝无毛。羽状复叶，小叶 3~5（7~9）片。雌花总状花序和雄花聚伞状花序下垂，均由无叶小枝旁边生出，花缺花瓣和花盘；雌雄异株，雄蕊 4~6 枚，花丝很长，子房无毛。小坚果凸起，近于长圆形或长圆卵形，无毛；翅宽 8~10 毫米，稍向内弯，连同小坚果长 3~3.5 厘米，张开呈锐角或近于直角。

主要用途: 为蜜源植物，可作行道树或庭园树。

无患子科

槭属

飞蛾槭 *Acer oblongum* Wall. ex DC.

别　　名： 飞蛾树、异色槭、桉状槭　　　　　**位　　置：** 豫商家园

识别要点： 树皮呈灰色片状剥落。单叶不分裂，全缘，长圆状卵形，叶长
5~7 厘米，宽 3~4 厘米。花杂性，雄花与两性花同株，常呈被
短毛的伞房花序，顶生于具叶的小枝；花瓣 5 片，倒卵形；雄
蕊 8 枚，细瘦，无毛，花药圆形；花盘微裂，位于雄蕊外侧；
子房被短柔毛，在雄花中不发育。翅果嫩时淡绿色，成熟时淡黄
色，长 1.8~2.5 厘米，张开近于直角。

主要用途： 可作行道树。

五裂槭 *Acer oliverianum* Pax

无患子科

槭属

别　名：宁远槭、盐源槭、兰坪槭　　　　　**位　置：**丁香园

识别要点：树皮平滑，淡绿色或灰褐色，常被蜡粉。叶近圆形，长 4~8 厘米，宽 5~9 厘米，5 个深裂，锯齿细密，下面脉腋具簇生毛。花序伞房状；萼片 5 片，紫绿色，先端钝圆；花瓣 5 片，淡白色，卵形；雄蕊 8 枚，生于雄花者比花瓣稍长，花药黄色，生于雌花的雄蕊很短；花柱无毛，2 裂，柱头反卷。翅果长 3~3.5 厘米，翅宽 1 厘米，张开近于水平。

主要用途：栽培供观赏，可作行道树。

五角槭 *Acer pictum* subsp. *mono* (Maxim.) H. Ohashi

别　　名: 水色树、细叶槭、色木槭、五角枫　　　　**位　　置:** 红叶椿园

识别要点: 叶纸质,基部截形或近于心脏形,常 5 裂。花多数,杂性,雄花与两性花同株,生于有叶的枝上,花序的总花梗长 1~2 厘米,花的开放与叶的生长同时;萼片 5 片,黄绿色;花瓣 5 片,淡白色,椭圆形或椭圆倒卵形;雄蕊 8 枚,比花瓣短,位于花盘内侧的边缘;子房在雄花中不发育,柱头 2 裂,反卷。翅果张开呈锐角或近于钝角。

主要用途: 可作庭园树、行道树。

挪威槭 *Acer platanoides* L.

别　　名：国王枫　　　　位　　置：花叶园

识别要点：落叶乔木。冬芽具多数覆瓦状排列的鳞片。枝条粗壮，树皮表面
有细长的条纹。叶对生，5 裂，光滑、宽大、浓密，秋季叶片呈
明黄色。早春开花，花黄绿色，伞状花序，花先于叶开放；萼片
5 片；花瓣 5 片；花盘环状；雄蕊 8 枚，生于花盘内侧；子房 2 室，
花柱 2 裂，柱头反卷。

主要用途：在草坪、公园、街道可以种这种树。木材可作建筑或家具的用材。

茶条槭 *Acer tataricum* **subsp.** *ginnala* **(Maximowicz) Wesmael**

槭属

别　　名：茶条、茶条枫　　　　**位　　置：**花叶园

识别要点：冬芽无柄。叶纸质，常 3~5 个深裂，边缘有不整齐的钝尖锯齿。
　　　　　　伞房花序长 6 厘米；花杂性，雄花与两性花同株；萼片 5 片，外
　　　　　　侧近边缘被长柔毛；雄蕊 8 枚，与花瓣近于等长；花盘无毛，位
　　　　　　于雄蕊外侧；子房密被长柔毛。翅果长 2.5~3 厘米，张开近于直
　　　　　　立或呈锐角。

主要用途：可作观赏绿化树，也可作蜜源植物。嫩叶可制茶叶；木材可制薪炭
　　　　　　及小农具；树皮纤维可代麻及作纸浆、人造棉等的原料；种子可榨油。

郑州树木园植物图谱（木本卷）——无患子科

苦条槭 *Acer tataricum* subsp. *theiferum* (W. P. Fang) Y. S. Chen & P. C. de Jong

别　　名： 银桑叶、苦津茶　　　　**位　　置：** 花叶园

识别要点： 叶卵形或椭圆状卵形，不分裂或不明显的 3~5 个裂，边缘有不规则的锐尖重锯齿，下面有白色疏柔毛；花序长 3 厘米，有白色疏柔毛；子房有疏柔毛，翅果较大，长 2.5~3.5 厘米，张开近于直立或呈锐角。

主要用途： 树皮、叶和果实可提取栲胶，又可作黑色染料；树皮纤维可作人造棉和造纸的原料；嫩叶可代替茶制作饮料；种子榨油，可用以制作肥皂。

无患子科

槭属

元宝槭 *Acer truncatum* Bunge

别　　名：五脚树、平基槭、元宝树　　　位　　置：玫瑰园

识别要点：叶5（7）个裂，裂片常再齿裂，基部截形，稀近于心形。花杂性，
　　　　　雄花与两性花同株，常呈伞房花序；花瓣5片，淡黄色或淡白色；
　　　　　雄蕊8枚，着生于花盘的内缘。小坚果压扁状，长1.3~1.8厘米，
　　　　　宽1~1.2厘米，翅和小坚果近于等长，张开呈锐角或钝角。

主要用途：可作庭园树和行道树。种子含油丰富，可作工业原料；木材可制
　　　　　作各种特殊用具，并可作建筑材料。

郑州树木园植物图谱（木本卷）——无患子科

/ 253

秦岭槭 *Acer tsinglingense* Fang et Hsieh

无患子科

槭属

别　　名： 地锦槭、色木、丫角枫　　　　　　**位　　置：** 梅园

识别要点： 小枝、叶柄、叶下面和翅果宿存短柔毛。叶显著 3 裂，边缘波状稀有圆齿 1~2 个，叶柄长 6~10 厘米。花序由小枝旁边无叶处生出；雌雄异株；萼片 5 片；花瓣 5 片，长圆形，较长于萼片；雄蕊 8 枚，花丝无毛，花药黄色，长圆形；花盘位于雄蕊外侧。小坚果黄色，特别凸起，脊纹显著，被淡黄色疏柔毛；翅连同小坚果长 4~4.2 厘米，张开近于直立。

主要用途： 可作绿化和造林树种。

郑州树木园植物图谱

七叶树 *Aesculus chinensis* Bunge

别　　名： 日本七叶树、浙江七叶树　　　　**位　　置：** 海棠园

识别要点： 叶下面仅中肋及侧脉基部有疏柔毛，中央小叶柄长 1~1.8 厘米，
两侧长 0.5~1 厘米。花序圆筒形，花序总轴有微柔毛，小花序常
由 5~10 朵花组成；花杂性，雄花与两性花同株，花萼管状钟形，
不等长 5 裂，裂片钝形；花瓣 4 片，白色，边缘有纤毛，基部爪
状；子房在雄花中不发育，在两性花中发育良好，花柱无毛。

主要用途： 可作行道树和庭园树。木材可制各种器具；种子可药用和榨油。

无患子科

七叶树属

天师栗 *Aesculus chinensis* var. *wilsonii* (Rehder) Turland & N. H. Xia

别　名：猴板栗、娑罗果　　**位　置：**海棠园

识别要点：叶下面被灰色绒毛或长柔毛，小叶柄长 1.5~2.5 厘米。花有很浓的香味，杂性，雄花与两性花同株，雄花多生于花序上段，两性花生于其下段；花萼管状；花瓣 4 片，外面有绒毛，内面无毛，有黄色斑块，基部狭窄成爪状，基部楔形；雄蕊长短不等，花丝扁形；两性花的子房上位，有黄色绒毛，3 室，每室有 2 粒胚珠。

主要用途：可作行道树和庭园树。木材可制造器具；蒴果可为药。

金钱槭 *Dipteronia sinensis* Oliv.

别　　名： 双轮果　　　　**位　　置：** 木槿园

识别要点： 冬芽细小，微被短柔毛，裸露。对生的奇数羽状复叶，通常7~15片。顶生或腋生圆锥花序；花白色，杂性，雄花与两性花同株；花瓣5片，阔卵形，与萼片互生；雄蕊8枚，长于花瓣，花丝无毛，在两性花中则较短；子房扁形，被长硬毛，2室，花柱很短，柱头2枚，向外反卷。两个扁形的果实生于一个果梗上，周围围着圆形或卵形的翅。

主要用途： 可作观赏树。

复羽叶栾 *Koelreuteria bipinnata* Franch.

别　　名：复羽叶栾树　　　　位　　置：防火瞭望塔
识别要点：二回羽状复叶，小叶边缘有稍密、内弯的小锯齿。圆锥花序大型，
　　　　　长 35~70 厘米，与花梗同被短柔毛；萼 5 裂；裂片阔卵状三角形
　　　　　或长圆形，边缘呈啮蚀状；花瓣 4 片，顶端钝或短尖，被长柔毛，
　　　　　鳞片深 2 裂；雄蕊 8 枚，花丝被白色、开展的长柔毛，花药有短
　　　　　疏毛；子房被柔毛。蒴果椭圆形、阔卵形或近球形，顶端圆或钝。
主要用途：可作庭园绿化树。木材可制家具；花和根可入药；种子油可供工
　　　　　业用。

无患子科

栾属

栾 *Koelreuteria paniculata* Laxm.

别　　名：灯笼树、大夫树、黑叶树、石栾树、乌拉　**位　　置：**曲桥寻芳园

识别要点：一回或不完全二回羽状复叶，小叶边缘有稍粗大、不规则的钝锯齿，近基部的齿常疏离而呈深缺刻状。聚伞圆锥花序长 25~40 厘米，分枝长而广展；花淡黄色；萼裂片卵形，边缘具腺状缘毛，呈啮蚀状；花瓣 4 片，开花时向外反折，橙红色，被疣状皱曲的毛；雄蕊 8 枚，花丝下半部密被白色开展的长柔毛。蒴果圆锥形，顶端渐尖。

主要用途：可作庭园观赏树。木材可制家具；叶可作蓝色染料；花可药用。

无患子 *Sapindus saponaria* L.

无患子科

无患子属

别　　名：油罗树、目浪树、苦患树、木患子　　　　　**位　　置：**梅园

识别要点：落叶大乔木。小叶 5~8 对，常近对生，两面无毛或背面被微柔毛，花序顶生，圆锥形；花小，辐射对称；花瓣 5 片，有长爪，内面基部有 2 片耳状小鳞片；花盘碟状，无毛；雄蕊 8 枚，伸出，花丝长约 3.5 毫米，中部以下密被长柔毛；子房无毛。果的发育分果爿近球形，直径 2~2.5 厘米，橙黄色，干时变黑。

主要用途：根和果可入药；果皮含有皂素，可代肥皂；木材可制作箱板和木梳等。

郑州树木园植物图谱

文冠果 *Xanthoceras sorbifolium* Bunge

别　　名：文冠树、木瓜、文冠花、崖木瓜、文光果　　　**位　　置：**红叶园

识别要点：奇数羽状复叶，有锯齿。总状花序，雄花和两性花同株，但不在
同一花序上；两性花的花序顶生，雄花序腋生，直立，总花梗短，
基部常有残存芽鳞；苞片长 0.5~1 厘米；萼片两面被灰色绒毛；
花瓣白色，基部紫红色或黄色，有清晰的脉纹；花盘的角状附属
体橙黄色；子房被灰色绒毛。蒴果有三棱角，室背开裂为三果瓣，
3 室。

主要用途：为木本油料植物。种子可食，味似板栗；种仁营养价值很高。

芸香科

臭常山属

臭常山 *Orixa japonica* Thunb.

别　　名：臭药、臭苗、臭山羊、和常山　　　　位　　置：地球小调园

识别要点：树皮灰或淡褐灰色，幼嫩部分常被短柔毛。枝、叶有腥臭气味，嫩枝暗紫红色或灰绿色，髓部大，常中空。叶薄纸质，散生半透明的细油点。雄花花序轴纤细；花梗基部有苞片1片，散生油点；花瓣比苞片小；雄蕊比花瓣短，与花瓣互生，插生于花盘基部四周；雌花与雄花近似，4个靠合的心皮圆球形，花柱短，黏合。

主要用途：根、茎可入药。

郑州树木园植物图谱

榆橘 *Ptelea trifoliata* L.

别　　名： 三叶椒　　**位　　置：** 紫叶李园

识别要点： 树冠圆形，二年生枝赤褐色；芽重叠，无顶芽。叶有透明油点，小叶 3 片，无柄。伞房状聚伞花序，花序宽 4~10 厘米；花梗被毛；花蕾近圆球形；花淡绿色或黄白色，略芳香；萼片长 1~2 毫米，花瓣椭圆形或倒披针形，边缘被毛，长约 8 毫米。翅果外形似榆钱，扁圆，顶端短齿尖，网脉明显。

主要用途： 树皮可药用。

臭檀吴萸 *Tetradium daniellii* (Bennett) T. G. Hartley

别　　名：臭檀　　　　**位　　置：**紫叶李园

吴茱萸属

识别要点：小叶近全缘，或有细锯齿。雄花序短小，圆锥状聚伞花序，通常宽不超过 5 厘米；雌花序略较大，花序轴密被灰白色略斜展的短毛；雄花花蕾卵形，花丝下半部被白色长柔毛，退化雌蕊近圆球形，顶部 5 个深裂；雌花的退化雄蕊鳞片状，心皮背部密被短毛。每个果瓣有 2 粒种子，果瓣长 5~6 毫米，喙状芒尖长 1~3 毫米。

主要用途：木材可制作家具或作细工材；果实可药用；种子可榨油，供工业用。

芸香科

椿叶花椒 *Zanthoxylum ailanthoides Sieb. et. Zucc.*

花椒属

别　　名：食茱萸、刺椒、满天星、鼓钉树　　　　**位　　置**：海棠园西侧

识别要点：落叶乔木，茎干有鼓钉状锐刺；当年生枝常空心。小叶对生，宽2~6厘米，油点多，叶背灰绿色或有灰白色粉霜。花序顶生，多花，几无花梗；萼片及花瓣均5片；花瓣淡黄白色；雄花的雄蕊5枚；退化雌蕊极短，2~3个浅裂；雌花有心皮3枚，稀4枚；分果瓣淡红褐色，干后淡灰或棕灰色，顶端无芒尖，油点多，干后凹陷。

主要用途：根皮及树皮均可入药。

野花椒 *Zanthoxylum simulans* Hance

别　　名： 天角椒、大花椒、黄椒、刺椒　　　　　**位　　置：** 风车附近

识别要点： 小叶 5~15 片，无毛，有倒伏细刺，油点密。花序顶生，长 1~5
厘米；花被片 5~8 片，狭披针形、宽卵形或近于三角形，长约 2
毫米，淡黄绿色；雄花的雄蕊 5~8（10）枚，药隔顶端有 1 个干
后暗褐黑色的油点；雌花的花被片为狭长披针形；心皮 2~3 枚，
花柱斜向背弯。果红褐色，分果瓣基部变狭窄并稍延长呈短柄状。

主要用途： 果可作草药；果皮及叶含挥发油。

臭椿 *Ailanthus altissima* (Mill.) Swingle

臭椿属

别　　名：樗、黑皮樗、椿树　　　　　**位　　置**：臭椿种质资源收集园

识别要点：幼嫩枝条初被黄色或黄褐色柔毛，后脱落，无软刺。小叶基部每侧通常仅有 1~2 个粗锯齿，齿背有腺体 1 个，叶片全缘。圆锥花序；花淡绿色；萼片 5 片，覆瓦状排列；花瓣 5 片，基部两侧被硬粗毛；雄花中的花丝长于花瓣，雌花中的花丝短于花瓣；心皮 5 枚，柱头 5 裂。

主要用途：为造林树种，也可作园林风景树和行道树。木材可制作农具、车辆等；叶可饲椿蚕；树皮、根皮、果实均可入药。

棟 *Melia azedarach* L.

棟属

别　　名：金铃子、森树、紫花树、棟树、苦棟　　　　　**位　置：**樱花园

识别要点：二至三回奇数羽状复叶，小叶边缘具钝齿或缺刻，稀全缘。圆锥花序与叶等长，无毛；花瓣淡紫色，倒卵状匙形，长约 1 厘米，两面均被微柔毛；子房 5~6 室。核果长 1~2 厘米，直径 0.8~1.5 厘米。

主要用途：木材可作家具、建筑、农具、舟车、乐器等的用材；叶可作农药；根皮可驱蛔虫和钩虫，但有毒，用时要严遵医嘱；根皮粉调醋可治疥癣；用苦棟子做成油膏可治头癣；果核仁油可供制油漆、润滑油和肥皂。

香椿 *Toona sinensis* (A. Juss.) Roem.

香椿属

别　　名：毛椿、椿芽、春甜树、春阳树、椿　　　　**位　　置：**红叶椿园

识别要点：小叶全缘或具小锯齿，无毛或背脉腋有束毛。花萼 5 个齿裂或浅波状，外面被柔毛，且有睫毛；花瓣 5 片，白色，长圆形，先端钝；雄蕊 10 枚，5 枚不育或变成假雄蕊；子房及花盘无毛。蒴果长 2~3.5 厘米。种子仅上端具膜质翅。

主要用途：芽叶可作蔬食；木材可作家具、室内装饰品及船舶等的用材；根皮及果可入药。

梧桐属

梧桐 *Firmiana simplex* (L.) W. Wight

别　　名：青桐　　　　**位　　置：**南一门

识别要点：树皮青绿色，嫩叶被淡黄白色的毛；叶心形，掌状 3~5 个裂，叶
的基部心形，有基生脉 7 条。花淡黄绿色或黄白色；萼片长 7~9
毫米。蓇葖果膜质，有柄，成熟前开裂成叶状，每个蓇葖果有种
子 2~4 粒。

主要用途：可作庭园观赏树木。木材可制木匣和乐器等；种子炒熟可食或榨
油；茎、叶、花、果和种子可入药；树皮可用以造纸和编绳等。
木材刨片可浸出黏液，称刨花，润发。

小花扁担杆 *Grewia biloba* var. *parviflora* (Bunge) Hand. -Mazz.

扁担杆属

别　　名： 扁担木　　　　**位　　置：** 紫叶李园

识别要点： 灌木或小乔木，高 1~4 米，多分枝。小枝和叶柄密生软茸毛。叶菱状卵形，先端渐尖或急尖，两面生有星状短柔毛，下面毛较密。聚伞花序与叶对生；雌雄蕊柄长 0.5 毫米，有毛；雄蕊长 2 毫米；子房有毛，花柱与萼片平齐，柱头扩大，盘状，有浅裂。核果红色，有 2~4 颗分核。

主要用途： 枝叶可入药；茎皮纤维可制作人造棉，宜混纺或单纺。

木槿 *Hibiscus syriacus* L.

木槿属

别　　名：喇叭花、朝天暮落花、荆条、木棉　　　**位　　置**：木槿园

识别要点：叶菱形至三角状卵形，具深浅不同的 3 裂或不裂，基部楔形。花单生于枝端叶腋间；花梗被星状短绒毛；小苞片 6~8 片，线形，密被星状疏绒毛；花萼钟形，裂片 5 片，三角形；花钟形，淡紫色，直径 5~6 厘米，花瓣倒卵形，外面疏被纤毛和星状长柔毛；雄蕊柱长约 3 厘米；花柱枝无毛。种子肾形，背部被黄白色长柔毛。

主要用途：供园林观赏用，或作绿篱材料。茎皮富含纤维，可作造纸原料；种子可入药。

紫椴 *Tilia amurensis* Rupr.

椴属

别　　名：籽椴　　　　**位　　置：**木瓜园

识别要点：树皮暗灰色，片状脱落。顶芽有鳞苞 3 片。叶下面浅绿色，锯齿齿尖突出 1 毫米；叶柄长 2~3.5 厘米。聚伞花序，有花 3~20 朵；苞片狭带形，长 3~7 厘米，宽 5~8 毫米，两面均无毛，下半部或下部 1/3 与花序柄合生，基部有柄，长 1~1.5 厘米；萼片外面有星状柔毛；花瓣长 6~7 毫米；退化雄蕊不存在。果实卵圆形，被星状茸毛。

主要用途：为优良的蜜源植物。

锦葵科

椴属

糯米椴 *Tilia henryana var. subglabra* V. Engl.

别　　名： 光叶糯米椴　　　　**位　　置：** 木瓜园

识别要点： 嫩枝及顶芽均无毛或近秃净。叶下面除脉腋有毛丛外，其余秃净无毛。花序柄有星状柔毛；苞片狭窄倒披针形，仅下面有稀疏星状柔毛，下半部 3~5 厘米与花序柄合生。果实倒卵形，有棱 5 条。

主要用途： 可作行道树或庭园观赏树，为蜜源植物。树皮纤维可编织麻袋、造纸和制人造棉；木材可作建筑、家具、雕刻、火柴杆、铅笔、乐器等的用材；花可入药；种子可榨油；茎、叶可作饲料。

郑州树木园植物图谱

锦葵科

椴属

椴树 *Tilia tuan* Szyszyl.

别　　名：云山椴、矩圆叶椴、淡灰椴、全缘椴　**位　　置：**玉兰园、花博园

识别要点：乔木，树皮灰色，直裂。叶卵圆形，基部单侧心形或斜截形，干后灰色或褐绿色。聚伞花序长 8~13 厘米，无毛；苞片狭窄倒披针形，无柄，先端钝，上面通常无毛，下面有星状柔毛，下半部 5~7 厘米与花序柄合生；萼片长圆状披针形，被茸毛，内面有长茸毛；子房有毛。果实球形，宽 8~10 毫米，无棱，有小突起，被星状茸毛。

主要用途：可作次生林改造保留树种。茎皮纤维可制绳索；木材可制家具、器具等。

结香 *Edgeworthia chrysantha* Lindl.

结香属

别　　名： 三桠皮、蒙花、雪花皮、梦花、打结花　**位　　置：** 防火瞭望塔

识别要点： 小枝粗壮，褐色，常作三叉分枝，幼枝常被短柔毛，韧皮极坚韧，叶痕大。叶凋落。头状花序多花而成绒球状，花先于叶开放；花萼外面密被稠密而伸张的白色长硬毛；子房仅在顶端丛生白色丝状毛；柱头棒状，长约 3 毫米，具乳突，花盘浅杯状，膜质，边缘不整齐。果椭圆形，绿色，长约 8 毫米，直径约 3.5 毫米，顶端被毛。

主要用途： 可作庭园观赏树种。枝条可编织提篮、茶盘等；全株可入药；茎皮纤维可作造纸原料。

柽柳 *Tamarix chinensis* Lour.

柽柳属

别　　名： 三春柳、红柳、香松　　　　**位　　置：** 东门

识别要点： 枝柔弱细长，开展而下垂。春季开花：总状花序侧生在去年生木质化的小枝上，花大而少，纤弱点垂；花五出；萼片狭长卵形；花瓣较花萼微长；花盘五裂。夏、秋季开花：总状花序较春生者细，生于当年生幼枝顶端，疏松而下弯；花较春季者略小，密生；花萼三角状卵形；花瓣远比花萼长；花盘五裂，或每一裂片再二裂成十裂片状。

主要用途： 细枝可用来编筐、糖等；枝叶可药用，为解表发汗药。

光叶子花 *Bougainvillea glabra* Choisy

别　　名：三角梅、紫三角、三角花、宝巾　　　　**位　　置**：东门

识别要点：藤状灌木。叶片椭圆形或卵形，无毛或疏生柔毛，基部圆形，有柄。花序腋生或顶生；苞片长圆形或椭圆形，长成时与花几等长；花被管狭筒形，长 1.6~2.4 厘米，绿色，疏生柔毛，顶端 5~6 个裂，裂片开展，黄色，长 3.5~5 毫米；雄蕊通常 8 枚；子房具柄。果实长 1~1.5 厘米，密生毛。

主要用途：栽培供观赏。花可入药。

蓝果树科

喜树属

喜树 *Camptotheca acuminata* Decne.

别　　名：千丈树、旱莲木　　　　**位　　置：**林海大道入口

识别要点：幼枝具贴生的灰色短柔毛。中脉在上面明显，侧脉 4 对。头状花序近球形，通常上部为雌花序，下部为雄花序；花杂性，同株；苞片 3 片，三角状卵形，内外两面均有短柔毛；花萼杯状，5 个浅裂，裂片齿状，边缘睫毛状；花瓣 5 片，淡绿色，外面密被短柔毛，早落；雄蕊 10 枚，外轮 5 个较长，内轮 5 个较短。核果卵圆形。

主要用途：可作庭园树或行道树。树根可入药。

珙桐 *Davidia involucrata* Baill.

别　　名： 鸽子树、空桐、枢梨子　　　　**位　　置：** 木槿园

识别要点： 树皮呈薄片状脱落。两性花与雄花同株，由多数的雄花与 1 枚雌花或两性花组成近球形的头状花序，直径约 2 厘米，着生于幼枝的顶端，两性花位于花序的顶端，雄花环绕其周围，基部具纸质、矩圆状卵形或矩圆状倒卵形花瓣状的苞片 2~3 片，长 7~15 厘米，宽 3~5 厘米，初淡绿色，继变为乳白色，后变为棕黄色而脱落。果为核果。

主要用途： 可作观赏树。

绣球花科

溲疏属

齿叶溲疏 *Deutzia crenata* Sieb. et Zucc.

别　　名： 圆齿溲疏、日本溲疏　　　　**位　　置：** 溲疏园

识别要点： 灌木，高 1~3 米。老枝灰色，表皮片状脱落，无毛；花枝长
8~12 厘米，具 4~6 片叶，具棱，红褐色，被星状毛。叶上面疏
被 4~5 辐线星状毛，下面被稍密 10~15 辐线星状毛，毛被不连
续覆盖。花重瓣，镊合状排列；花梗和花萼被毛黄褐色；萼筒杯
状，高约 2.5 毫米。栽培品种形态变异较大，花丝常退化成花瓣状。

主要用途： 可作庭园观赏树。

郑州树木园植物图谱（木本卷）——绣球花科

绣球花科

溲疏属

宁波溲疏 *Deutzia ningpoensis* Rehd.

别　　名： 老鼠竹、空心付常山　　　　**位　　置：** 溲疏园

识别要点： 花枝有 6 片叶。叶柄长 1~2 毫米，上被 4~7 辐线星状毛，下面白色，密被 12~14 辐线星状毛。聚伞状圆锥花序，多花，疏被星状毛；花冠直径 1~1.8 厘米；萼筒杯状，直径约 3 毫米；花瓣白色，长圆形，先端急尖，中部以下渐狭，外面被星状毛；外轮雄蕊长 3~4 毫米，内轮雄蕊较短，两轮形状相同。果直径 4~5 毫米。

主要用途： 可作观赏花木。根、叶可入药。

郑州树木园植物图谱

山梅花 *Philadelphus incanus* Koehne

别　　名： 毛叶木通　　　　**位　　置：** 红叶园

识别要点： 叶上面疏被短伏毛，下面密被长粗毛，先端急渐尖。花序有花
　　　　　　7~11 朵；花梗长 5~10 毫米；花萼外面密被紧贴糙伏毛；萼筒钟
　　　　　　形，裂片卵形，先端骤渐尖；花冠盘状，直径 2.5~3 厘米；花瓣
　　　　　　白色，卵形或近圆形，基部急收狭；雄蕊 30~35 枚；花盘无毛；
　　　　　　花柱长约 5 毫米，无毛，近先端稍分裂，柱头棒形。种子长 1.5~2.5
　　　　　　毫米，具短尾。

主要用途： 可作庭园观赏植物。

瓜木 *Alangium platanifolium* (Sieb. et Zucc.) Harms

山茱萸科

八角枫属

别　　名： 八角枫　　　　**位　　置：** 玉兰园

识别要点： 叶片近圆形，不分裂或分裂，叶柄长 3.5~5 厘米。花序有花 3~5 朵；
花瓣 6~7 片，紫红色，外面有短柔毛，长 2.5~3.5 厘米，基部黏
合，上部开花时反卷；雄蕊 6~7 枚，长 8~14 毫米，微有短柔毛；
花盘肥厚，近球形，无毛，微现裂痕；子房 1 室，花柱长 2.6~3.6
厘米，无毛，柱头扁平。核果长卵圆形，长 8~12 毫米。

主要用途： 树皮含鞣质；纤维可制作人造棉；根、叶可入药，又可以作农药。

郑州树木园植物图谱

山茱萸科

山茱萸属

红瑞木 *Cornus alba* L.

别　　名：凉子木、红瑞山茱萸　　　　**位　　置：**防火瞭望塔

识别要点：树皮紫红色；幼枝有淡白色短柔毛，后即秃净而被蜡状白粉。伞房状聚伞花序顶生，较密，被白色短柔毛；花小，白色或淡黄白色；花萼裂片4片，尖三角形，短于花盘；花瓣4片；雄蕊4枚，着生于花盘外侧；花柱圆柱形，柱头盘状，宽于花柱；花梗纤细，与子房交接处有关节。核果长圆形，微扁，成熟时乳白色或蓝白色。

主要用途：可作庭园观赏植物。种子含油量高，可供工业用。

山茱萸科

山茱萸属

香港四照花 *Cornus hongkongensis* Hemsley

别　　名：山荔枝　　　位　　置：海棠园西

识别要点：常绿乔木或灌木。叶对生，上面深绿色，有光泽，下面淡绿色，中脉在上面明显，下面凸出。头状花序球形；总苞片4片，白色，宽椭圆形至倒卵状宽椭圆形，先端钝圆有突尖头，两面无毛；花小，有香味，花萼管状，绿色，上部4裂；花瓣4片，淡黄色；花盘盘状，略有浅裂。果序球形，被白色细毛，成熟时黄色或红色。

主要用途：木材可作建筑材料；果可食用，又可作为酿酒原料。

四照花 *Cornus kousa* subsp. *chinensis* (Osborn) Q. Y. Xiang

别　　名： 白毛四照花、华西四照花　　　　　**位　　置：** 海棠园西

识别要点： 落叶小乔木，高 5~9 米。单叶对生，厚纸质，叶卵形或卵状椭圆
　　　　　　形，长 6~12 厘米，基部圆形或阔楔形，侧脉 3~4（5）对，下面
　　　　　　脉腋具白色簇生的绢状毛。头状花序近球形，生于小枝顶端，具
　　　　　　20~30 朵花；花萼筒状；花盘垫状。果球形，直径 1.5~2.5 厘米，
　　　　　　紫红色；总果柄纤细，长 5.5~6.5 厘米。

主要用途： 果实成熟时紫红色，味甜可食，又可作为酿酒原料。

山茱萸科

山茱萸属

梾木 *Cornus macrophylla* Wallich

别　　名： 椋子木　　　　**位　　置：** 木槿园

识别要点： 乔木。叶侧脉 5~8 对，下面密被粉白色乳头状突起，沿叶脉有贴生的淡褐色短柔毛。萼齿宽三角形，稍长于花盘；花瓣 4 片，舌状长圆形或长卵形，下面有褐色及灰白色贴生短柔毛；雄蕊 4 枚，与花瓣近于等长，长 3~4.5 毫米，花丝线形，白色，无毛，花药 2 室，蓝色。

主要用途： 为园林绿化树及蜜源植物。果实含油脂，可食用、药用及工业用；木材可作家具、农具及建筑等的用材；叶可作饲料或绿肥。

山茱萸科

山茱萸属

山茱萸 *Cornus officinalis* Siebold & Zucc.

别　　名： 枣皮　　　　　**位　　置：** 丁香园

识别要点： 叶片下面脉腋具淡褐色丛毛。伞形花序生于枝侧，有总苞片4片，卵形，厚纸质至革质，开花后脱落；总花梗粗壮，长约2毫米；花小，两性，先于叶开放；花萼裂片4片，阔三角形，与花盘等长或稍长，无毛；花瓣4片，舌状披针形，黄色，向外反卷；雄蕊4枚，与花瓣互生，花丝钻形，花药椭圆形，2室。果实大，长1.2~1.7厘米。

主要用途： 果实称萸肉，俗名枣皮，可药用。

山茱萸科

山茱萸属

小梾木 *Cornus quinquenervis* Franchet

别　　名： 乌金草、酸皮条、火烫药　　　　**位　　置：** 紫叶李园

识别要点： 灌木。叶椭圆状披针形、披针形，稀长圆卵形，侧脉通常 3 对，稀 2 或 4 对，下面有贴生短柔毛。花瓣 4 片，狭卵形至披针形，先端急尖，质地稍厚，下面有贴生短柔毛；雄蕊 4 枚，花丝淡白色，花药长圆卵形，2 室，淡黄白色，丁字形着生；花柱棍棒形，淡黄白色。

主要用途： 木材坚硬，可作工具柄；叶可入药，可治烫伤及火烧伤；果实含油，可以榨取供工业用。

厚皮香 *Ternstroemia gymnanthera* (Wight et Arn.) Beddome

别　　名：珠木树、猪血柴、水红树、野瑞香　　　　**位　　置：**紫荆园

识别要点：叶革质或薄革质，椭圆形、椭圆状倒卵形至长圆状倒卵形，下面
无腺点，全缘，稀有上半部生浅疏齿，齿尖具黑色小点。萼片 5
片，卵圆形或长圆卵形，顶端圆。果实圆球形，直径 7~10 毫米；
果梗长 1~1.2 厘米。

主要用途：可作庭园树。木材可作车辆、家具、农具等的用材；树皮可提取
栲胶和茶褐色染料。

柿 *Diospyros kaki* Thunb.

别　　名：柿子　　位　　置：柿园、林韵广场
识别要点：叶长 5~18 厘米，宽 3~9 厘米，先端渐尖或钝，基部楔形，钝，
　　　　　近圆形或近截形；叶柄长 8~20 毫米。果直径 3.5~8.5 厘米。
主要用途：可作果树和风景树。木材可制作纺织木梭、线轴，又可制作家具、
　　　　　箱盒、小用具、提琴的指板和弦轴等；柿子可入药，还可提取柿
　　　　　漆（又名柿油或柿涩），用于涂渔网、雨具，填补船缝和作建筑
　　　　　材料的防腐剂等。

野柿 *Diospyros kaki* var. *silvestris* Makino

别　　名： 油柿、山柿　　　**位　　置：** 枣园

识别要点： 叶长 5~18 厘米，宽 3~9 厘米，先端渐尖或钝，基部楔形、钝、近圆形或近截形，下面的毛较多；叶柄长 8~20 毫米，常密被黄褐色柔毛。果直径 2~5 厘米。

主要用途： 可作果树和风景树。木材可制作纺织木梭、线轴，又可制作家具、箱盒、小用具、提琴的指板和弦轴等；柿子可入药，还可提取柿漆，用于涂渔网、雨具，填补船缝和作建筑材料的防腐剂等。

郑州树木园植物图谱（木本卷）——柿科

/ 293

君迁子 *Diospyros lotus* L.

柿属

别　　名：牛奶柿、黑枣、软枣　　　　**位　　置**：枣园

识别要点：幼枝褐色或棕色。叶椭圆形至长椭圆形，宽 2.5~6 厘米。冬芽带棕色，平滑无毛。果球形或椭圆形，直径 1~2 厘米。

主要用途：常用作柿树的砧木。成熟果实可食用、入药，又可供制糖、酿酒、制醋；果实、嫩叶均可提取维生素 C；未熟果可提制柿漆，供医药和涂料用；木材可制作纺织木梭、小用具等，又可制作精美家具和文具；树皮可提取单宁，制人造棉。

山茶科

山茶属

山茶 *Camellia japonica* L.

别　　名： 洋茶、茶花、晚山茶、耐冬、山椿　　　　**位　　置：** 休闲广场

识别要点： 叶革质，椭圆形，上面深绿色，下面浅绿色，叶缘具相隔 2~3.5 厘米的细锯齿。花顶生，无柄；苞片及萼片约 10 片，组成长 2.5~3 厘米的杯状苞被；雄蕊 3 轮，长 2.5~3 厘米，外轮花丝基部连生，花丝管长 1.5 厘米，无毛，内轮雄蕊离生，稍短；子房无毛，花柱长 2.5 厘米，先端 3 裂。蒴果圆球形。

主要用途： 可作观赏花木，又可作蜜源植物。种仁可供制肥皂及润滑油。

陀螺果 *Melliodendron xylocarpum* Hand. -Mazz.

别　　名： 鸦头梨、冬瓜木、水冬瓜　　　　**位　　置：** 紫叶李园

识别要点： 小枝红褐色，嫩时被星状短柔毛。叶互生，边缘有细锯齿，嫩时两面密被星状短柔毛。花白色；花梗开始短，以后伸长达 2 厘米；花萼高 3~4 毫米，萼齿长约 2 毫米；花冠裂片长圆形，长 20~30 毫米，宽 8~15 毫米，顶端钝，两面均密被细绒毛，外面被毛常较密。果实顶端短尖或凸尖，中部以下收狭，有 5~10 条棱或脊。

主要用途： 可作庭园观赏树。木材可制作农具或工具等。

小叶白辛树 *Pterostyrax corymbosus* Sieb. et Zucc.

白辛树属

别　　名：小果辛树、苍耳树　　　　**位　　置：**紫叶李园

识别要点：嫩枝、嫩叶、叶柄、花冠裂片、果实均密被星状短柔毛。圆锥花序伞房状；花白色，长约 10 毫米；小苞片线形，密被星状柔毛；花萼钟状，5 条脉，顶端 5 个齿；萼齿披针形；花冠裂片长圆形，近基部合生，顶端短尖，两面均密被星状短柔毛；雄蕊 10 枚，5 长 5 短，花丝中部以下联合成管，内面被白色星状柔毛。果实倒卵形，5 翅。

主要用途：可作造林树种。木材可作一般器具的用材。

狭果秤锤树 *Sinojackia rehderiana* Hu

安息香科

秤锤树属

别　　名： 江西秤锤树、黄氏捷克木　　　**位　　置：** 紫叶李园

识别要点： 嫩枝、叶脉、花梗和花冠均疏被星状毛，而嫩叶和萼片密被星状毛。总状聚伞花序疏松，有花 4~6 朵，生于侧生小枝顶端；花白色；花梗长达 2 厘米，和花序梗均纤细而弯垂，疏被灰色星状短柔毛；花萼密被灰黄色星状短柔毛，顶端 5~6 个齿；花冠疏被星状长柔毛；柱头不明显 3 裂。果椭圆形，具长渐尖的喙，连喙长 2~2.5 厘米。

主要用途： 可作观赏树种，可用于制作盆景赏玩。

秤锤树 *Sinojackia xylocarpa* Hu

别　　名：捷克木　　　　位　　置：紫叶李园

识别要点：嫩枝、花冠、萼片均密被星状毛，而叶脉、花梗和雄蕊疏被星状毛。总状聚伞花序生于侧枝顶端，有花 3~5 朵；花梗柔弱而下垂，疏被星状短柔毛；萼管外面密被星状短柔毛，萼齿 5 个，少 7 个；花冠裂片顶端钝，两面均密被星状绒毛；雄蕊 10~14 枚，花丝下部宽扁，联合成短管，疏被星状毛；柱头不明显 3 裂。果卵形，连喙长 2~2.5 厘米。

主要用途：可作观赏树种，可用于制作盆景赏玩。

杜鹃花科

杜鹃花属

锦绣杜鹃 *Rhododendron × pulchrum* Sweet

别　　名： 紫鹃、春鹃、鲜艳杜鹃、毛叶杜鹃　　　　**位　　置：** 林韵广场

识别要点： 半常绿灌木。幼枝密被淡棕色扁平糙伏毛。叶椭圆形或椭圆披针形，长 2~6 厘米，先端钝尖，基部楔形，下面被微柔毛及糙伏毛；叶柄长 4~6 毫米，被糙伏毛。顶生伞形花序，有 1~5 朵花；花梗被红棕色扁平糙伏毛；花萼 5 裂，裂片披针形，被糙伏毛；花冠漏斗形，玫瑰色，有深紫红色斑点，5 裂；子房被糙伏毛。

主要用途： 栽培供观赏。根、叶可入药；花可提取精油；木材可制作农具和手杖等。

郑州树木园植物图谱

杜仲 *Eucommia ulmoides* Oliver

别　　名：丝棉皮、棉树皮、胶树　　　**位　　置：**海棠园西

识别要点：叶椭圆形、卵形或矩圆形，薄革质，长6~15厘米，宽3.5~6.5厘米。花生于当年枝基部，雄花无花被；苞片倒卵状匙形，边缘有睫毛，早落；无退化雌蕊。雌花单生，苞片倒卵形；子房无毛，1室，扁而长，先端2裂。翅果扁平，长椭圆形，先端2裂，周围具薄翅。

主要用途：树皮供药用；树皮分泌的硬橡胶可作工业原料及绝缘材料，可制作耐酸、碱容器及管道的衬里；木材可作建筑用材，也可制家具。

花叶青木 *Ancuba japonica var. variegata Dombrain*

丝缨花科

桃叶珊瑚属

别　　名：洒金珊瑚、金沙树　　　　**位　　置：**健康路

识别要点：常绿灌木，高约 1~1.5 米；枝、叶对生。叶革质，先端渐尖，基部近于圆形或阔楔形，叶片有大小不等的黄色或淡黄色斑点。圆锥花序顶生；雄花序长 7~10 厘米，小花梗长 3~5 毫米；花瓣暗紫色，先端具 0.5 毫米的短尖头；雌花序长 2~3 厘米，小花梗长 2~3 毫米，具 2 片小苞片。果卵圆形，暗紫色或黑色，具种子 1 粒。

主要用途：栽培供观赏。木材可制作手杖等。

茜草科

鸡屎藤属

鸡屎藤 *Paederia foetida* L.

别　名： 解暑藤、女青、牛皮冻　　　　**位　置：** 防火瞭望塔

识别要点： 叶对生，膜质，卵形或披针形，下面脉上被微毛。圆锥花序腋生或顶生；小苞片微小，卵形或锥形，有小睫毛；花有小梗，生于柔弱的三歧常作蝎尾状的聚伞花序上；花萼钟形，萼檐裂片钝齿形；花冠紫蓝色，通常被绒毛，裂片短。果阔椭圆形，顶部冠以圆锥形的花盘和微小宿存的萼檐裂片。小坚果浅黑色，具一阔翅。

主要用途： 可作绿篱等。叶片可食；全草可入药。

五星花属

五星花 *Pentas lanceolata* (Forsk.) K. Schum.

别　　名: 繁星花、埃及众星　　**位　　置:** 东门

识别要点: 直立或外倾的亚灌木,高 30~70 厘米,被毛。叶卵形、椭圆形或披针状长圆形,长可达 15 厘米,有时仅 3 厘米,宽达 5 厘米,有时不及 1 厘米,顶端短尖,基部渐狭成短柄。聚伞花序密集,顶生;花无梗,二型,花柱异长,长约 2.5 厘米;花冠淡紫色,喉部被密毛,冠檐开展,直径约 1.2 厘米。

主要用途: 栽培供观赏。

罗布麻 *Apocynum venetum* L.

别　　名： 茶叶花、野麻、女儿茶、茶棵子、红花草　**位　　置：** 地球小调园

识别要点： 直立半灌木，具乳汁。枝条紫红色或淡红色。圆锥状聚伞花序一至多歧；花萼 5 个深裂；花冠裂片基部向右覆盖，每片裂片内外均具 3 条明显紫红色的脉纹；雄蕊 5 枚，着生在花冠筒基部。

主要用途： 为蜜源植物。茎皮纤维可作高级衣料、渔网丝、皮革线、高级用纸等的原料；叶含胶，可作轮胎原料；嫩叶蒸、炒、揉制后可当茶叶饮用；种毛可作填充物；麻秆剥皮后可作保暖建筑材料；根部含有生物碱，供药用。

地梢瓜 *Cynanchum thesioides* (Freyn) K. Schum.

别　　名： 地梢花、女青　　　　　**位　　置：** 紫叶李园

识别要点： 直立半灌木。根部圆柱状；茎自基部多分枝。叶对生或近对生，线形，叶背中脉隆起。着生于雄蕊上的副花冠仅单轮；副花冠杯状，裂片三角状披针形，渐尖，高过药隔的膜片。蓇葖纺锤形，先端渐尖，中部膨大，长5~6厘米，直径2厘米；种子扁平，暗褐色，长8毫米；种毛白色绢质，长2厘米。

主要用途： 全株含橡胶，可作工业原料；幼果可食；种毛可作填充料。

夹竹桃科

夹竹桃属

夹竹桃 *Nerium oleander* L.

别　　名：红花夹竹桃、柳叶桃树、叫出冬、柳叶树　　**位　　置：**玉兰园

识别要点：常绿直立大灌木。叶3~4片轮生，下枝为对生，窄披针形，叶缘反卷。花红色，副花冠多次分裂而呈线形，有香味；花萼直立。种子长圆形，基部较窄，顶端钝，褐色，种皮被锈色短柔毛。

主要用途：可作观赏植物。茎皮纤维为优良混纺原料；种子油可供制润滑油；叶、树皮、根、花、种子均含有多种配糖体，毒性极强；叶、茎皮可提制强心剂，但有毒，用时需慎重。

郑州树木园植物图谱（木本卷）——夹竹桃科

白花夹竹桃 *Nerium oleander* 'Paihua'

别　　名：洋桃梅、枸那　　　　**位　　置：**东门停车场

识别要点：常绿灌木。叶 3~4 片轮生，下枝为对生，窄披针形，叶缘反卷。花白色，副花冠多次分裂而呈线形，有香味；花萼直立。种子长圆形，基部较窄，顶端钝，褐色，顶端有黄褐色种毛。

主要用途：栽培供观赏。茎皮纤维为优良混纺原料；种子油可供制润滑油；叶、树皮、根、花、种子均含有多种配糖体，有毒性；叶、茎皮可提制强心剂，但有毒，用时需慎重。

夹竹桃科

杠柳属

别　　名：山五加皮、羊角条、羊奶条、臭加皮　　　　**位　　置：**花博园

识别要点：落叶蔓性灌木，全株无毛。叶卵状长圆形。花直径 1.5 厘米；花
冠裂片中间加厚，反折；副花冠环状，10 裂，其中 5 裂延伸呈
丝状，被短柔毛。蓇葖 2 个，圆柱状，长 7~12 厘米，直径约 5 毫米，
无毛，具有纵条纹；种子长圆形，黑褐色，顶端具白色绢质种毛。

主要用途：根皮、茎皮可药用；我国北方都以杠柳的根皮，称"北五加皮"，
浸酒，功用与五加皮略似，但有毒，不宜过量服用或久服，以免中毒。

粗糠树 *Ehretia dicksonii* Hance

别　　名：破布子　　　　位　　置：紫叶李园
识别要点：叶基部楔形或近圆形，具开展的锯齿，上面粗糙，被具基盘的硬
　　　　　毛。聚伞花序顶生，呈伞房状或圆锥状，具苞片或无；苞片线形，
　　　　　长约5毫米，被柔毛；花萼裂至近中部，具柔毛；花冠筒状钟形，
　　　　　白色至淡黄色，芳香，裂片长圆形；雄蕊伸出花冠外。核果直径
　　　　　10~15毫米，内果皮成熟时分裂为2个具2粒种子的分核。

主要用途：栽培供观赏。

枸杞 *Lycium chinense* Miller

枸杞属

别　　名：狗奶子、狗牙根、牛右力、红珠仔刺　　　**位　　置：**花博园

识别要点：叶卵形至卵状披针形。花冠稍长于雄蕊，有疏缘毛，基部耳显著；
花萼 3 个中裂或 4~5 个齿裂，有缘毛；花丝基上有毛丛，等高花
冠生一环绒毛。浆果红色，卵状，栽培者可长成矩圆状或长椭圆
状，顶端尖或钝。种子扁肾脏形，长 2.5~3 毫米，黄色。

主要用途：可作为保持水土的灌木。果实药用功能与宁夏枸杞同；根皮可入
药，中药称"地骨皮"；嫩叶可作蔬菜；种子油可制润滑油或食
用油。

郑州树木园植物图谱（木本卷）——茄科

木樨科

流苏树属

流苏树 *Chionanthus retusus* Lindl. et Paxt.

别　　名：晚皮树、牛金茨果树、糯米花、四月雪　　　**位　　置**：海棠园

识别要点：叶全缘或有锯齿。聚伞状圆锥花序，顶生于枝端，近无毛；苞片线形；花长 1.2~2.5 厘米，单性而雌雄异株或为两性花；花梗纤细，无毛；花萼 4 个深裂，裂片尖三角形或披针形；花冠白色，4 个深裂，裂片线状倒披针形，花冠管短；雄蕊藏于管内或稍伸出，花药长卵形，药隔突出；子房卵形，长 1.5~2 毫米，柱头球形，稍 2 裂。

主要用途：花、嫩叶晒干可代茶，味香；果可榨芳香油；木材可制器具。

木樨科

探春花属

探春花 *Chrysojasminum floridum* (Bunge) Banfi

别　　名：迎夏、鸡蛋黄、牛虱子　　　　**位　　置：**金水月季园

识别要点：直立或攀缘半常绿灌木。羽状复叶互生，小叶 3 片或 5 片，稀 7 片，基部常有单叶，两面无毛，稀中脉被微柔毛。聚伞花序或伞状聚伞花序顶生，有花 3~25 朵；花萼具 5 条突起的肋，无毛；花冠黄色，近漏斗状，花冠管长 0.9~1.5 厘米，裂片卵形或长圆形，长 4~8 毫米，先端锐尖，稀圆钝，边缘具纤毛。果实长圆形或球形，黑色。

主要用途：制作盆景。花株可药用；嫩花可炒食。

郑州树木园植物图谱（木本卷）——木樨科

雪柳 *Fontanesia philliraeoides* var. *fortunei* (Carrière) Koehne

别　　名：五谷树、挂梁青　　　位　　置：木槿园

识别要点：小枝四棱形。单叶对生，披针形，全缘。圆锥花序顶生或腋生，
　　　　　顶生花序长 2~6 厘米，腋生花序长 1.5~4 厘米；花两性或杂性同株；
　　　　　花萼微小，杯状，深裂；花冠深裂至近基部，先端钝，基部合生；
　　　　　花药长圆形；花柱长 1~2 毫米，柱头二叉。翅果扁平，环生窄翅。

主要用途：可作行道树，又可作绿篱、绿屏。花枝、果枝可作切花；嫩叶可
　　　　　代茶；枝条可编筐；茎皮可制人造棉。

雪柳属

连翘 *Forsythia suspensa* (Thunb.) Vahl

别　　名：黄花杆、黄寿丹　　　　**位　　置：**丁香园

识别要点：节间中空，节部具实心髓。叶通常为单叶，或三裂至三出复叶，上面深绿色，下面淡黄绿色，两面无毛。花通常单生或 2 至数朵着生于叶腋，先于叶开放；花萼绿色，先端钝或锐尖，边缘具睫毛，与花冠管近等长；花冠黄色。果卵球形、卵状椭圆形或长椭圆形，长 1.2~2.5 厘米，宽 0.6~1.2 厘米，先端喙状渐尖，表面疏生皮孔。

主要用途：可作庭园观赏树。叶、果实可药用。

木樨科

连翘属

金钟花 *Forsythia viridissima* Lindl.

别　　名：迎春柳、迎春条、金梅花　　　　　**位　　置：**全园

识别要点：节间具片状髓。单叶具锯齿，两面无毛。花着生于叶腋，先于叶
开放；花梗长 3~7 毫米；花萼裂片绿色，具睫毛；花冠深黄色，
长 1.1~2.5 厘米，花冠管长 5~6 毫米，裂片狭长圆形至长圆形，
内面基部具橘黄色条纹，反卷。果卵形或宽卵形，长 1~1.5 厘米，
宽 0.6~1 厘米，基部稍圆，先端喙状渐尖，具皮孔；果梗长 3~7
毫米。

主要用途：可作庭园观赏植物。根、叶、果壳可药用。

白蜡树 *Fraxinus chinensis* Roxb.

别　　名： 青榔木、白荆树　　　　**位　　置：** 林韵广场

识别要点： 小枝无毛或疏被长柔毛。小叶卵形、长圆形或披针形，上面无毛，先端锐尖至渐尖。花雌雄异株；雄花密集，花萼小，钟状，长约 1 毫米，无花冠，花药与花丝近等长；雌花疏离，花萼大，桶状，长 2~3 毫米，4 个浅裂，花柱细长，柱头 2 裂。翅果匙形，长 3~4 厘米，宽 4~6 毫米，上中部最宽。

主要用途： 常作庭园树与行道树。树皮可药用，称作"秦皮"。

郑州树木园植物图谱（木本卷）——木樨科

木樨科

梣属

湖北梣 *Fraxinus hubeiensis* S. Z. Qu, C. B. Shang & P. L. Su

别　　名: 对节白蜡　　　　**位　　置:** 花博园入口

识别要点: 营养枝常呈棘刺状。小叶 7~9（11）片，具锐锯齿，侧脉 6~7 对，叶轴具狭翅。花杂性，密集簇生于去年生枝上，呈甚短的聚伞圆锥花序，长约 1.5 厘米；两性花花萼钟状，雄蕊 2 枚，花药长 1.5~2 毫米，花丝较长，长 5.5~6 毫米，雌蕊具长花柱，柱头2 裂。翅果匙形，长 4~5 厘米，中上部最宽，先端急尖。

主要用途: 为材用树种。

美国红梣 *Fraxinus pennsylvanica* Marsh.

别　　名： 洋白蜡、毛白蜡　　**位　　置：** 木槿园

识别要点： 叶柄基部不作囊状膨大；小叶 7~9 片，无柄，下面疏被绢毛，脉上较密。圆锥花序生于去年生枝上；花密集，雄花与两性花异株，与叶同时开放；花序梗短；花梗纤细，被短柔毛；雄花花萼小，萼齿不规则深裂，花药大，长圆形，花丝短；两性花花萼较宽，萼齿浅裂，花柱细，柱头 2 裂。果翅仅延至坚果中部以上。

主要用途： 常作庭园树与行道树。

迎春花 *Jasminum nudiflorum* Lindl.

素馨属

别　　名：迎春　　　　**位　　置：**金水月季园

识别要点：叶脱落，花先于叶开放。叶对生，三出复叶，小枝基部常具单叶。花单生于去年生小枝的叶腋；苞片小叶状，披针形、卵形或椭圆形，长 3~8 毫米，宽 1.5~4 毫米；花萼绿色，裂片 5~6 片，窄披针形，长 4~6 毫米，宽 1.5~2.5 毫米，先端锐尖；花冠黄色，直径 2~2.5 厘米，花冠管长 0.8~2 厘米，向上渐扩大，裂片 5~6 片。

主要用途：可作绿化和观赏植物。叶、花可入药。

日本女贞 *Ligustrum japonicum* Thunb.

别　　名：大叶女贞、台湾女贞　　　　位　　置：林韵广场
识别要点：常绿灌木。叶厚革质，椭圆形或卵状椭圆形，长 5~8 厘米，宽 2.5~5
　　　　　厘米，先端尖或渐尖，基部楔形或圆形。圆锥花序顶生，塔形；
　　　　　花序轴和分枝轴具棱；花梗长不及 2 毫米；花萼长 1.5~1.8 毫米；
　　　　　花冠长 5~6 毫米，花冠筒比裂片稍长或近等长；雄蕊伸出花冠管
　　　　　外。果长圆形或椭圆形，直立，成熟时紫黑色，被白粉。
主要用途：可作园林绿化树种。种子榨油可供工业用；枝叶可药用。

女贞 *Ligustrum lucidum* Ait.

女贞属

别　　名： 大叶女贞、冬青、落叶女贞　　　　**位　　置：** 桩景园

识别要点： 植株无毛。叶片常绿，革质，中脉在上面凹入，下面凸起。圆锥花序顶生，塔形；花萼长 1.5~2 毫米，与花冠筒近等长。果肾形或近肾形，略弯曲，深蓝黑色，成熟时呈红黑色，被白粉。

主要用途： 可作行道树。种子油可制肥皂；花可提取芳香油；果可酿酒或制酱油；枝、叶上放养白蜡虫，能生产白蜡，供工业及医药用；叶、果可入药；植株可作丁香、桂花的砧木。

木樨科

女贞属

小蜡 *Ligustrum sinense* Lour.

别　　名：山指甲、花叶女贞　　　　　**位　　置：**梅园

识别要点：小枝、花序轴和花梗被微柔毛或无毛。叶卵形或椭圆形，先端
　　　　　　钝，下面沿中脉被向上弯曲短硬毛。圆锥花序顶生或腋生，塔
　　　　　　形，长 4~11 厘米，宽 3~8 厘米；花序轴被较密淡黄色短柔毛；
　　　　　　花梗长 1~3 毫米；花萼无毛，先端呈截形或浅波状齿；花冠长
　　　　　　3.5~5.5 毫米。

主要用途：各地普遍栽培作绿篱。果实可酿酒；种子榨油可供制肥皂；树皮
　　　　　　和叶可入药。

郑州树木园植物图谱（木本卷）——木樨科

/ 323

木樨属

木樨 *Osmanthus fragrans* Loureiro

别　　名： 桂花　　　　**位　　置：** 桂花园

识别要点： 小枝、叶柄和叶两面均无毛。叶椭圆形，边缘全缘或具锯齿，叶脉不呈网状，侧脉在叶面凹入。聚伞花序簇生于叶腋，每腋内有花多朵；苞片宽卵形，质厚，具小尖头，无毛；花极芳香；花萼长约1毫米，裂片稍不整齐；雄蕊着生于花冠管中部，花丝极短，药隔在花药先端稍延伸呈不明显的小尖头。果歪斜，椭圆形，紫黑色。

主要用途： 花为名贵香料，并可作食品香料。

紫丁香 *Syringa oblata* Lindl.

别　　名：华北紫丁香、紫丁白　　　　位　　置：丁香园

识别要点：小枝、花序轴、花梗、苞片、花萼、幼叶，以及叶柄均无毛而密被腺毛。叶卵圆形至肾形，宽大于长。圆锥花序直立，由侧芽抽生；花梗长 0.5~3 毫米；花萼长约 3 毫米，萼齿渐尖、锐尖或钝；花冠紫色，花冠管圆柱形，裂片呈直角开展，长 3~6 毫米，先端内弯略呈兜状或不内弯；花药黄色，位于距花冠管喉部 0~4 毫米处。

主要用途：可作庭园观赏树种。

白丁香 *Syringa oblata* 'Alba'

木樨科

丁香属

别　　名：白丁香花　　　　位　　置：东门

识别要点：小枝、花序轴、花梗、苞片、花萼、幼叶，以及叶柄均无毛而密被腺毛。叶卵圆形至肾形，宽大于长。圆锥花序直立，由侧芽抽生；花梗长 0.5~3 毫米；花萼长约 3 毫米，萼齿渐尖、锐尖或钝；花冠白色，花冠管圆柱形，裂片呈直角开展，长 3~6 毫米，先端内弯略呈兜状或不内弯；花药黄色，位于距花冠管喉部 0~4 毫米处。

主要用途：可作庭园观赏树种。

郑州树木园植物图谱

木樨科

丁香属

巧玲花 *Syringa pubescens Turcz.*

别　　名：小叶丁香、雀舌花、毛丁香　　　**位　　置**：丁香园

识别要点：花序轴、花梗、花萼无毛。小枝和花序轴近四棱形。圆锥花序直立，通常由侧芽抽生；花序轴与花梗略带紫红色；花梗短；花萼截形或萼齿锐尖、渐尖或钝；花冠紫色，盛开时呈淡紫色，后渐近白色，花冠管细弱，裂片展开或反折，先端略呈兜状而具喙；花药紫色，长约 2.5 毫米，位于花冠管中部略上，距喉部 1~3 毫米处。

主要用途：可作观赏花木。树皮可药用。

郑州树木园植物图谱（木本卷）——木樨科

暴马丁香 *Syringa reticulata* subsp. *amurensis* (Rupr.) P. S. Green & M. C. Chang

丁香属

别　　名：暴马子、白丁香、荷花丁香　　　　**位　　置：**丁香园

识别要点：全株无毛。当年生枝绿色或略带紫晕，疏生皮孔，二年生枝棕褐色，光亮，具较密皮孔。叶全缘或分裂，厚纸质，叶脉在叶面明显凹入。圆锥花序侧芽抽生；花白色；花冠管等长或略长于花萼。果端常钝，或锐尖、凸尖。

主要用途：树皮、树干及茎枝可入药；花可调制各种香精。

木樨科

丁香属

北京丁香 *Syringa reticulata* subsp. *pekinensis* (Rupr.) P. S. Green & M. C. Chang

别　　名：臭多罗、山丁香　　位　　置：丁香园

识别要点：树皮褐色或灰棕色，纵裂。小枝带红褐色，向外开展，具显著皮孔，萌枝被柔毛。叶片纸质，叶脉在叶面平。花序轴、花梗、花萼无毛；花序轴散生皮孔；花萼长 1~1.5 毫米，截形或具浅齿；花冠白色，呈辐状，花冠管与花萼近等长或略长，裂片卵形或长椭圆形；花丝略短于或稍长于裂片。果端锐尖至长渐尖。

主要用途：可作庭园观赏树种。

木樨科

丁香属

欧丁香 *Syringa vulgaris* L.

别　　名：洋丁香　　　　**位　　置：**丁香园

识别要点：小枝、叶柄、叶片、花序轴、花梗和花萼均无毛，或具腺毛，老
　　　　　时脱落。叶片卵形、宽卵形或长卵形，通常长大于宽。花序近直立，
　　　　　由侧芽抽生；花序轴疏生皮孔；花芳香；萼齿锐尖至短渐尖；花
　　　　　冠紫色或淡紫色，长 0.8~1.5 厘米，花冠管细弱，裂片呈直角开展，
　　　　　先端略呈兜状；花药黄色，位于距花冠管喉部 0~1（2）毫米处。

主要用途：可作庭园观赏树种。花芳香，可提取芳香油。

郑州树木园植物图谱

330 /

醉鱼草 *Buddleja lindleyana Fort.*

醉鱼草属

别　　名：闭鱼花、痒见消、鱼尾草、五霸蔷、阳包树　位　　置：醉鱼草园

识别要点：枝条四棱形，棱上具翅。幼枝、叶下面、叶柄、花序及大小苞片密被星状短绒毛和腺毛。叶全缘或有波状齿。穗状聚伞花序顶生；花紫色，芳香；花萼钟状，外面与花冠外面同被星状毛和小鳞片；花冠长 13~20 毫米，内面被柔毛，花冠管弯曲；雄蕊着生于花冠管下部或近基部，花药卵形，顶端具尖头，基部耳状。

主要用途：为公园常见优良观赏植物。花、叶及根供药用；全株可用作农药。

厚萼凌霄 *Campsis radicans* (L.) Seem.

凌霄属

别　　名：美国凌霄、杜凌霄　　　　位　　置：休闲广场

识别要点：藤本，具气生根。小叶9~11片，上面深绿色，下面淡绿色，被毛。花萼钟状，长约2厘米，5浅裂至萼筒的1/3处，裂片齿卵状三角形，外向微卷，无凸起的纵肋；花冠筒细长，漏斗状，橙红色至鲜红色，筒部为花萼长的3倍，6~9厘米，直径约4厘米。

主要用途：花可代凌霄花入药，功效与凌霄花类同；叶含咖啡酸、对香豆酸及阿魏酸。

楸 *Catalpa bungei* C. A. Mey

别　　名： 楸树、木王　　　**位　　置：** 林韵广场

识别要点： 小乔木。叶三角状卵形或卵状长圆形，顶端长渐尖，基部截形，阔楔形或心形，有时基部具有 1~2 个牙齿，叶面深绿色，叶背无毛。顶生伞房状总状花序；花萼蕾时圆球形，二唇开裂，顶端有 2 个尖齿；花淡红色至淡紫色，2~12 朵，内面具有 2 条黄色条纹及暗紫色斑点，无毛，第 2 回分枝简单。种子狭长椭圆形，两端生长毛。

主要用途： 花可炒食；叶可喂猪；茎皮、叶、种子可入药。

灰楸 *Catalpa fargesii* Bur.

梓属

别　　名：光灰楸、紫花楸、川楸　　　　**位　　置：**林韵广场

识别要点：幼枝、花序、叶柄均有分枝毛。叶卵形或三角状心形。伞房状总状花序有花 7~15 朵；花萼 2 裂近基部，裂片卵圆形；花冠淡红色至淡紫色，内面具紫色斑点，第 2 回分枝可再分枝；雄蕊 2 枚，内藏，退化雄蕊 3 枚，花丝着生于花冠基部。

主要用途：可作庭园观赏树、行道树。木材可作建筑、家具的用材；嫩叶、花供蔬食，叶可喂猪；根和果可入药；皮、叶浸液可作农药。

梓 *Catalpa ovata* G. Don

别　　名：木角豆、黄花楸、臭梧桐、河楸、水桐、花楸　　**位　　置：**紫荆园

识别要点：叶阔卵形，常3浅裂，上下两面均粗糙，近无毛。顶生圆锥花序；花序梗微被疏毛；花萼蕾时圆球形，2唇开裂；花冠钟状，淡黄色，内面具2条黄色条纹及紫色斑点；能育雄蕊2枚，花丝插生于花冠筒上，花药叉开；退化雄蕊3枚；柱头2裂。蒴果果爿宽4~5毫米。

主要用途：嫩叶可食；叶或树皮可作农药；果实（梓实）和根皮（梓白皮）可入药。

海州常山 *Clerodendrum trichotomum* Thunb.

别　　名： 臭梧、泡火桐、臭梧桐　　　　**位　　置：** 地球小调园

识别要点： 老枝灰白色，具皮孔。叶片纸质，两面幼时被白色短柔毛，老时表面光滑无毛。伞房状聚伞花序，通常二歧分枝；苞片叶状，早落；花萼蕾时绿白色，后紫红色，基部合生，有 5 条棱脊，顶端 5 个深裂；花香，花冠白色或带粉红色，花冠管细，顶端 5 裂；雄蕊 4 枚，花丝与花柱同伸出花冠外；花柱较雄蕊短，柱头 2 裂。

主要用途： 可作庭园观赏树。

黄荆 *Vitex negundo* L.

别　　名： 五指柑、五指风、布荆　　　　　**位　　置：** 百尺回廊

识别要点： 小枝四棱形，密生灰白色绒毛。小叶片长圆状披针形至披针形，全缘或每边有少数粗锯齿，背面密生灰白色绒毛。圆锥花序长10~27厘米；花序梗密生灰白色绒毛；花萼钟状，顶端有5个裂齿，外有灰白色绒毛；花冠淡紫色，顶端5裂，二唇形；雄蕊伸出花冠管外。

主要用途： 茎皮可造纸及制人造棉；茎叶、种子和根可药用；花和枝叶可提取芳香油。

牡荆 *Vitex negundo* var. *cannabifolia* (Sieb. et Zucc.) Hand. -Mazz.

别　名：荆条　　**位　置：**百尺回廊

识别要点：小枝四棱形。小叶片披针形或椭圆状披针形，边缘有粗锯齿，背面淡绿色，通常被柔毛。圆锥花序长 10~20 厘米；花冠淡紫色，外有微柔毛，顶端 5 裂，二唇形；雄蕊伸出花冠管外；子房近无毛。核果近球形，直径约 2 毫米；宿萼接近果实的长度。

主要用途：茎皮可造纸及制造人造棉；茎叶、种子和根可药用；花和枝叶可提取芳香油。

兰考泡桐 *Paulownia elongata* S. Y. Hu

别　　名：桐树、泡桐　　　　　　位　　置：桐之韵广场

识别要点：叶片卵状心脏形，长宽几相等或长稍过于宽。萼倒圆锥形，基部
　　　　　渐狭，分裂至 1/3 左右成 5 个卵状三角形的齿。花冠紫色至粉白，
　　　　　较宽，漏斗状钟形，顶端直径 4~5 厘米；雄蕊长达 25 毫米；子
　　　　　房和花柱有腺，花柱长 30~35 毫米。果实卵形，稀卵状椭圆形。

主要用途：为农桐间作的好树种。木材可作建筑、家具、农具、文化用品及
　　　　　乐器等的用材，还可制作胶合板、航空模型等；花、果可入药。

毛泡桐 *Paulownia tomentosa* (Thunb.) Steud.

泡桐科

泡桐属

别　　名： 紫花桐　　　　**位　　置：** 夏荷路

识别要点： 叶片下面密被毛，毛有较长的柄和丝状分枝，成熟时不脱落。花序金字塔形或狭圆锥形；萼浅钟形，外面绒毛不脱落，分裂至中部或裂过中部，萼齿卵状长圆形；花冠紫色，漏斗状钟形，在离管基部约 5 毫米处弓曲，向上突然膨大，外面有腺毛，檐部二唇形；子房卵圆形，有腺毛，花柱短于雄蕊。果卵圆形，幼时被黏质腺毛。

主要用途： 木材可制胶合板、航模、乐器、家具等；根皮、叶、花可入药。

郑州树木园植物图谱

340 /

冬青 *Ilex chinensis* Sims

别　　名：冻青　　　　**位　　置**：南二门

识别要点：叶片薄革质至革质，椭圆形或披针形，先端渐尖，边缘具圆齿或幼叶为锯齿。雄花花序具 3~4 回分枝，每分枝具花 7~24 朵；花 4~5 基数；退化子房圆锥状；雌花花序具 1~2 回分枝，每分枝具花 3~7 朵；退化雄蕊长约为花瓣的 1/2，败育花药心形。分核 4~5 个，背面平滑。

主要用途：可作庭园观赏树。木材作细工原料，用于制玩具、雕刻品、工具柄、刷背和木梳等；树皮及种子供药用，树皮含鞣质，可提取栲胶。

无刺枸骨 *Ilex cornuta* 'Fortunei'

别　　名： 老鼠树　　　　**位　　置：** 怡馨亭

识别要点： 叶片长圆形或卵形,长4~9厘米,宽2~4厘米,先端具1个尖硬刺齿,
基部圆形。花序簇生于二年生枝的叶腋内,基部宿存鳞片近圆形,
被柔毛,具缘毛;苞片卵形,先端钝或具短尖头,被短柔毛和缘
毛;花淡黄色,四基数。分核4个。

主要用途： 可作庭园观赏树。根、枝叶和果实可入药;种子含油,可作肥皂
原料;树皮可作染料,也可提取栲胶;木材软韧,可用作牛鼻栓。

枸骨 *Ilex cornuta* Lindl. & Paxton

别　　名：猫儿刺、老虎刺、八角刺、鸟不宿　　　**位　　置**：花博园入口

识别要点：叶片四角状长圆形或卵形，长 4~9 厘米，宽 2~4 厘米，先端具 3 个尖硬刺齿，中央刺齿常反曲，基部圆形。花序簇生于二年生枝的叶腋内，基部宿存鳞片近圆形，被柔毛，具缘毛；苞片卵形，先端钝或具短尖头，被短柔毛和缘毛；花淡黄色，四基数。分核 4 个。

主要用途：可作庭园观赏树。根、枝叶和果可入药；种子含油，可作肥皂原料；树皮可作染料，也可提取栲胶；木材软韧，可用作牛鼻栓。

大叶冬青 *Ilex latifolia* Thunb.

别　　名： 大苦酊、宽叶冬青、波罗树　　**位　　置：** 海棠园

识别要点： 常绿大乔木，全体无毛。叶片厚革质，长圆形或卵状长圆形，长
8~19（28）厘米，宽 4.5~7.5（9）厘米，边缘具疏锯齿。由聚伞
花序组成的假圆锥花序生于二年生枝的叶腋内，无总梗；主轴长
1~2 厘米，基部具宿存的圆形覆瓦状排列的芽鳞。花淡黄绿色，
四基数。果球形，成熟时红色。分核 4 个，具不规则的皱纹和尘穴。

主要用途： 可作庭园绿化树种。木材可作细木原料；树皮可提取栲胶；叶和
果可入药。

木茼蒿 *Argyranthemum frutescens* (L.) Sch. -Bip

别　　名： 茼蒿菊、蓬蒿菊、木菊　　　　**位　　置：** 东门

识别要点： 枝条大部木质化。叶宽卵形、椭圆形或长椭圆形，二回羽状分裂。一回为深裂或几全裂，二回为浅裂或半裂，两面无毛。叶柄有狭翼。头状花序多数，有长花梗；全部苞片边缘白色宽膜质。舌状花瘦果有 3 条具白色膜质宽翅形的肋；两性花瘦果有 1~2 条具狭翅的肋，并有 4~6 条细间肋。

主要用途： 栽培作盆景。

接骨木 *Sambucus williamsii* Hance

别　　名：九节风、续骨草、木蒴藋　　　　位　　置：琼花园

识别要点：灌木或小乔木。老枝具明显的皮孔，髓部淡褐色。羽状复叶有小叶 2~3（5）对，小叶柄、叶下面及叶轴均无毛。圆锥形聚伞花序顶生，具总花梗，花序分枝多呈直角开展；花小而密；萼筒杯状，萼齿三角状披针形，稍短于萼筒；花冠蕾时带粉红色，开后白色或淡黄色，筒短；花药黄色；子房 3 室，花柱短，柱头 3 裂。果实红色。

主要用途：可栽培供观赏。全株供药用。

荚蒾 *Viburnum dilatatum* Thunb.

别　　名：短柄荚蒾、庐山荚蒾　　　　　**位　　置：**木槿园、紫叶李园

识别要点：小枝连同芽、叶柄和花序均密被小刚毛状及簇状糙毛。叶下面被
叉状或簇状毛，有黄色透亮腺点；叶柄长 10~15 毫米，无托叶。
复伞形式聚伞花序稠密；花生于第三至第四级辐射枝上，萼和花
冠外面均有簇状糙毛；花冠白色，辐状，直径约 5 毫米；雄蕊明
显高出花冠，花药小，乳白色。果实红色，椭圆状卵圆形；核扁，
卵形。

主要用途：韧皮纤维可制绳和人造棉；种子油可制肥皂和润滑油；果可食。

琼花 *Viburnum keteleeri* Carrière

别　　名：聚八仙、八仙花、蝴蝶木　　　　　**位　　置：**琼花园

识别要点：冬芽裸露；植物体被簇状毛而无鳞片。叶具 5~6 对侧脉，近缘前
互相网结而非直达齿端。聚伞花序仅周围具大型的不孕花，花冠
直径 3~4.2 厘米；可孕花的萼齿卵形，花冠白色，辐状，裂片宽
卵形，雄蕊稍高出花冠，花药近圆形，长约 1 毫米。果实红色而
后变黑色，椭圆形；核扁，矩圆形至宽椭圆形，有 2 条浅背沟和
3 条浅腹沟。

主要用途：可作观赏树。

绣球荚蒾 *Viburnum keteleeri* 'Sterile'

别　　名：绣球、木绣球、八仙花　　　　**位　　置：**琼花园

识别要点：落叶或半常绿灌木。芽、幼枝、叶柄及花序均密被灰白色或黄白色簇状短毛，后渐变无毛。叶临冬季至翌年春季逐渐落尽。聚伞花序直径 8~15 厘米，全部由大型不孕花组成；萼筒筒状，无毛，萼齿与萼筒几等长，矩圆形，顶钝；花冠白色，辐状，直径 1.5~4 厘米，裂片圆状倒卵形，筒部甚短；花药小，近圆形；雌蕊不育。

主要用途：可作园林绿化树种。

珊瑚树 *Viburnum odoratissimum* Ker. -Gawl.

别　　名：早禾树、极香荚蒾　　　　**位　　置**：林韵广场

识别要点：叶长 7~16 厘米，有较规则的波状浅钝锯齿，两面无毛，下面脉腋有小孔窝。圆锥花序顶生；苞片长不到 1 厘米；花芳香，通常生于序轴的第二至第三级分枝上；萼筒筒状钟形，无毛，萼檐碟状；花冠白色，后变为黄白色，辐状，裂片反折，圆卵形；雄蕊略超出花冠裂片，花药黄色，矩圆形；柱头头状，不高出萼齿。

主要用途：可作园林绿化树种，也可作森林防火树种。木材可制车辆、家具等；根、叶可入药。

鸡树条 *Viburnum opulus* subsp. *calvescens* (Rehder) Sugim.

别　　名：老鸹眼、天目琼花　　　　**位　　置：**琼花园

识别要点：树皮质厚而多少呈木栓质。小枝、叶柄和总花梗均无毛。叶掌状
　　　　　　分裂，仅下面脉腋有簇状毛或脉上有长伏毛；叶柄有 2~4 个腺体。
　　　　　　复伞形式聚伞花序，周围有大型的不孕花；总花梗粗壮，无毛；
　　　　　　花生于第二至第三级辐射枝上；花梗极短；萼齿三角形，无毛；
　　　　　　花冠白色，辐状；花药黄白色；不孕花白色。果实红色，近圆形。

主要用途：可作庭园观赏树。

蝴蝶戏珠花 *Viburnum plicatum f. tomentosum* (Miq.) Rehder

五福花科

荚蒾属

别　　名：蝴蝶荚蒾、蝴蝶树、蝴蝶花　　　　**位　　置：**琼花园

识别要点：叶较狭，宽卵形或矩圆状卵形，两端有时渐尖，下面常带绿白色，侧脉 10~17 对。花序直径 4~10 厘米，外围有 4~6 朵白色大型的不孕花，具长花梗，花冠直径达 4 厘米；中央可孕花直径约 3 毫米，花冠辐状，黄白色，雄蕊高出花冠，花药近圆形。果实先红色，后变黑色；核扁，两端钝形，有 1 条上宽下窄的腹沟。

主要用途：可作庭园观赏树。

郑州树木园植物图谱

大花糯米条 *Abelia × grandiflora* (André) Rehd.

别　　名：大花六道木　　位　　置：机器的容器园

识别要点：常绿灌木。小枝有柔毛，红褐色。叶对生或 3~4 片轮生，卵形至卵状披针形，长约 4.5 厘米，叶缘有疏锯齿或近全缘；叶片绿色，有光泽，入冬转为红色或橙色。圆锥聚伞花序，数朵着生于叶腋或花枝顶端；萼裂片 5 片；花白色、粉红色，萼片宿存至冬季；雄蕊和柱头不伸出花冠外。瘦果黄褐色。

主要用途：常作花篱、地被、基础种植材料，也可用于模纹图案。

猬实 *Kolkwitzia amabilis* Graebn.

别　　名：美人木、蝟实　　　　**位　　置：**花叶园

识别要点：多分枝直立灌木。叶两面散生短毛，脉上和边缘密被直柔毛和睫毛。伞房状聚伞花序，花梗几不存在；苞片披针形，紧贴子房基部；萼筒外面密生长刚毛，上部缢缩似颈；花冠淡红色，基部甚狭，中部以上突然扩大，裂片不等，其中2片稍宽短，内面具黄色斑纹；花柱有软毛，柱头圆形，不伸出花冠筒外。果实密被黄色刺刚毛。

主要用途：可作观赏植物。

蓝叶忍冬 *Lonicera korolkowii* Stapf

别　　名: 玫瑰忍冬　　　　**位　　置:** 花叶园

识别要点: 落叶灌木，高 2~3 米。茎直立丛生，枝条紧密，幼枝中空，皮光
滑无毛，常紫红色，老枝的皮为灰褐色。单叶对生，偶有三叶轮生，
卵形或椭圆形，全缘，近革质，蓝绿色。花粉红色，对生于叶腋
处，有芳香；雄蕊 5 枚，花药丁字着生；子房 3~5 室，花柱纤细，
无毛，柱头头状。浆果红色。

主要用途: 可作庭园观赏树，亦可作绿篱。

锦带花 *Weigela florida* (Bunge) A. DC.

锦带花属

别　　名：海仙、锦带　　　　**位　　置：**花博园入口

识别要点：落叶灌木。叶椭圆形至倒卵状椭圆形，上面疏生短柔毛，脉上毛较密，下面密生短柔毛或绒毛。萼筒长圆柱形，萼齿长约1厘米，深达萼檐中部；花冠紫红色或玫瑰红色，外面疏生短柔毛，裂片不整齐，开展，内面浅红色；花丝短于花冠，花药黄色；子房上部的腺体黄绿色，花柱细长，柱头2裂。果实顶有短柄状喙。种子近无翅。

主要用途：华北地区主要的早春花灌木，适宜在庭园墙隅、湖畔群植，也可植在树丛林缘作篱笆。

半边月 *Weigela japonica* Thunb. var. *sinica* (Rehd.) Bailey

忍冬科

锦带花属

别　　名: 木绣球、水马桑　　　**位　　置:** 花博园入口

识别要点: 叶长卵形至卵状椭圆形,上面疏生糙毛,脉上毛较密,下面密生短糙毛。萼齿条形,深达萼檐基部,被柔毛;花冠白色或淡红色,花开后逐渐变红色,漏斗状钟形,筒基部呈狭筒形,中部以上突然扩大,裂片开展,近整齐,无毛;花丝白色,花药黄褐色;花柱细长,柱头盘形,伸出花冠外。种子多少具翅。

主要用途: 可作园林观赏植物。根、枝叶供药用。

海金子 *Pittosporum illicioides* Mak.

海桐属

别　　名：崖花子、崖花海桐　　　　**位　　置：**木槿园

识别要点：常绿灌木，嫩枝无毛，老枝有皮孔。叶生于枝顶，3~8 片簇生呈假轮生状，倒卵状披针形。伞形花序顶生，有花 2~10 朵，花梗纤细，无毛，常向下弯；苞片细小，早落；萼片卵形，先端钝，无毛；花瓣长 8~9 毫米；雄蕊长 6 毫米；子房被毛，胚珠减少。蒴果圆球形，长 9~12 毫米，果柄长 2~4 厘米，果片薄。种柄较短。

主要用途：种子含油，提出油脂可制肥皂；茎皮纤维可造纸。

海桐科

海桐属

海桐 *Pittosporum tobira* (Thunb.) Ait.

别　　名： 海桐花、山矾、七里香、宝珠香、山瑞香　　**位　　置：** 绣线菊园

识别要点： 叶聚生于枝顶，二年生，革质，嫩时上下两面有柔毛，以后变秃净，倒卵形，簇生于枝顶呈假轮生状。伞形花序或伞房状伞形花序顶生或近顶生，密被黄褐色柔毛；花白色，有芳香，后变黄色；花瓣倒披针形，离生；雄蕊 2 型，退化雄蕊的花丝长 2~3 毫米；正常雄蕊的花丝长 5~6 毫米，花药长圆形，黄色。蒴果有毛，果片木质。

主要用途： 可作庭园观赏树。

细柱五加 *Eleutherococcus nodiflorus* (Dunn) S. Y. Hu

别　　名：五叶木、白刺尖、白簕树、五加皮　　**位　　置**：机器的容器园

识别要点：小枝灰棕色。节上通常疏生反曲扁刺。叶有小叶5片，稀3~4片，小叶片椭圆形或长圆形，边缘有粗大钝齿。伞形花序单个稀2个腋生，直径约2厘米，有花多数；花梗细，长6~10毫米；花黄绿色；萼边缘近全缘或有5个小齿；花瓣5片，长圆状卵形，先端尖；雄蕊5枚；子房2室；花柱2枚，离生或基部合生。宿存花柱长2毫米，反曲。

主要用途：根皮供药用，中药称"五加皮"。

五加科

五加属

刺五加 *Eleutherococcus senticosus* (Ruprecht & Maximowicz) Maximowicz

别　　名：刺拐棒、老虎潦、一百针　　　　　**位　　置：**机器的容器园

识别要点：小枝密生细长刺，直而不弯。小叶革质下面淡绿色。伞形花序单
个顶生，直径 2~4 厘米，有花多数；总花梗长 5~7 厘米，无毛；
花紫黄色；萼无毛，边缘近全缘或有不明显的 5 个小齿；花瓣
5 片，卵形，长 2 毫米；雄蕊 5 枚，长 1.5~2 毫米；子房 5 室，
花柱全部合生成柱状。果实球形或卵球形，有 5 条棱。

主要用途：根皮可代"五加皮"，供药用；种子可榨油，供制肥皂用。

五加科

八角金盘属

别　　名：手树　　　　**位　　置：**健康路

识别要点：叶片大，革质，近圆形，直径 12~30 厘米，掌状 7~9 个深裂。
圆锥花序顶生；伞形花序直径 3~5 厘米，花序轴被褐色绒毛；花
萼近全缘，无毛；花瓣 5 片，卵状三角形，长 2.5~3 厘米，黄白
色，无毛；雄蕊 5 枚，花丝与花瓣等长；子房下位，5 室，每室
有 1 个胚球；花柱 5 枚，分离；花盘凸起半圆形。果实近球形，
直径 5 毫米，熟时黑色。

主要用途：为优良的观叶植物。根、叶可供药用。

郑州树木园植物图谱

郑州树木园植物图谱（木本卷）

中文名索引

郑州树木园植物图谱

拉丁学名索引

郑州树木园植物图谱（木本卷）·拉丁学名索引

郑州树木园植物图谱

郑州树木园植物图谱（木本卷） · 拉丁学名索引

ZHENGZHOU

SHUMUYUAN ZHIWU TUPU

郑州树木园植物图谱（草本卷）

郑州市林业产业发展中心　编

华中科技大学出版社
http://press.hust.edu.cn
中国·武汉

图书在版编目（CIP）数据

郑州树木园植物图谱.草本卷/郑州市林业产业发展中心编.—武汉：华中科技大学出版社，

2023.4

ISBN 978-7-5680-9375-0

Ⅰ.①郑…　Ⅱ.①郑…　Ⅲ.①草本植物–郑州–图谱　Ⅳ.① Q948.526.11–64

中国国家版本馆 CIP 数据核字（2023）第 064442 号

郑州树木园植物图谱（草本卷）　　　　　　　　　　　　　　郑州市林业产业发展中心　编

Zhengzhou Shumuyuan Zhiwu Tupu（Caoben Juan）

策划编辑：彭霞霞

责任编辑：叶向荣

封面设计：天　一

责任监印：朱　玢

出版发行：华中科技大学出版社（中国·武汉）　　　　电话：（027）81321913

　　　　　武汉市东湖新技术开发区华工科技园　　　　邮编：430223

录　　排：天　一

印　　刷：洛阳和众印刷有限公司

开　　本：880 mm × 1230 mm　1/16

印　　张：20

字　　数：192 千字

版　　次：2023 年 4 月第 1 版第 1 次印刷

定　　价：798.00 元（全 2 册）

目 录

郑州树木园植物图谱（草本卷）

郑州树木园植物图谱（草本卷）

贯众 *Cyrtomium fortunei* J. Sm.

别　　名： 贯节、贯渠

识别要点： 根茎直立，密被棕色鳞片。叶簇生，叶柄长 12~26 厘米，基部直径 2~3 毫米，禾秆色，腹面有浅纵沟，密生卵形及披针形棕色鳞片，有时中间为深棕色鳞片，鳞片边缘有齿；叶片矩圆披针形，奇数一回羽状；侧生羽片 7~16 对，互生，全缘；具羽状脉。叶纸质，两面光滑。孢子囊群遍布羽片背面；囊群盖圆形，盾状，全缘。

主要用途： 全草可药用。

北马兜铃 *Aristolochia contorta* Bunge

别　名： 马斗铃、铁扁担、臭瓜篓、茶叶包
识别要点： 草质藤本植物。无毛，干后有纵槽纹。叶纸质，卵状心形或三角状心形，顶端短尖或钝，基部心形，两侧裂片圆形，下垂或扩展，边全缘，上面深绿色，下面浅绿色，两面均无毛。总状花序有花2~8朵；花被筒长2~3厘米，基部膨大呈球形；檐部一侧极短，另一侧渐扩大成舌片；合蕊柱顶端六裂。种子具膜质宽翅。
主要用途： 常作地被植物。果实和根可药用。

寻骨风 *Isotrema mollissimum* (Hance) X. X. Zhu, S. Liao et J. S. Ma

关木通属

别　　名：绵毛马兜铃

识别要点：幼枝、叶柄及花密被灰白色长绵毛。叶卵形或卵状心形，基部心形，弯缺深 1~2 厘米，上面被糙伏毛，下面密被灰白色长绵毛；叶柄长 2~5 厘米。花单生叶腋；花梗近顶端下弯；花被筒中部膝状弯曲，淡黄色，具紫色网纹，浅三裂，裂片平展，喉部近圆形，直径 2~3 毫米，稍具紫色领状突起。蒴果长 3~5 厘米，具 6 条波状棱或 6 个翅。

主要用途：全株可药用。

天南星科

半夏属

虎掌 *Pinellia pedatisecta* Schott

别　　名: 半夏子、麻芋子、狗爪半夏、天南星、绿芋子

识别要点: 多年生草本植物。具块茎。叶下部具鞘,叶片鸟足状分裂,裂片6~11片。花序柄长20~50厘米;佛焰苞淡绿色,长2~4厘米,向下渐收缩。肉穗花序,雌花序长1.5~3厘米;雄花序长5~7毫米;附属器黄绿色,细线形,长10厘米,直立或略呈"S"形弯曲。浆果卵圆形,绿色至黄白色,小,藏于宿存的佛焰苞管部内。

主要用途: 块茎供药用。

郑州树木园植物图谱

射干 *Belamcanda chinensis* (L.) Redouté

鸢尾科

射干属

别　　名： 野萱花、交剪草

识别要点： 多年生草本植物。根状茎为不规则的块状，须根多数。叶互生，嵌迭状排列，剑形，基部鞘状抱茎。花序顶生，叉状分枝，每分枝的顶端聚生有数朵花；花橙红色，散生紫褐色的斑点；花被裂片6片，2轮排列；雄蕊3枚，着生于外花被裂片的基部；子房3室，胚珠多数。蒴果顶端常残存有凋萎的花被；种子有光泽，着生在果轴上。

主要用途： 栽培供观赏。根状茎可药用。

郑州树木园植物图谱（草本卷）——鸢尾科

马蔺 *Iris lactea Pall.*

别　　名： 马莲、马帚、箭秆风、兰花草、紫蓝草

识别要点： 多年生密丛草本植物，根状茎粗壮。花为浅蓝色、蓝色或蓝紫色，花被上有较深色的条纹，花被管长约3毫米，花凋谢后花被管不残存在果实上；外花被裂片倒披针形，基部呈狭窄的爪形，内花被裂片狭倒披针形，爪部狭楔形；花药黄色，花丝白色；子房纺锤形。蒴果顶端有短喙。种子为不规则的多面体。

主要用途： 栽培供观赏。花和种子可入药；叶可作饲料。

鸢尾科

鸢尾属

鸢尾 *Iris tectorum* Maxim.

别　　名：老鸹蒜、蛤蟆七、扁竹花、紫蝴蝶

识别要点：根状茎直径约1厘米。叶基生，宽1.5~3.5厘米。花茎光滑，顶部常有1~2个短侧枝；花直径约10厘米；花被管细长，上端膨大成喇叭形，外花被裂片圆形或宽卵形，顶端微凹，爪部狭楔形，中脉上有不规则的鸡冠状附属物，呈不整齐的繸状裂，内花被裂片椭圆形，花盛开时向外平展；花药鲜黄色，花丝细长，白色。

主要用途：栽培供观赏；对氟化物敏感，可用以监测环境污染。根状茎可入药。

阿福花科

萱草属

黄花菜 *Hemerocallis citrina* Baroni

别　　名： 金针菜、柠檬萱草、金针花

识别要点： 根近肉质，中下部常有纺锤状膨大。苞片披针形，下面的可长达3~10厘米，自下向上渐短；花多朵，长度不及花葶长度的1/5；花被淡黄色；花被管长3~5厘米。蒴果钝三棱状椭圆形，长3~5厘米。种子黑色，有棱。

主要用途： 重要的经济作物。花经过蒸、晒，可加工成干菜；根可以酿酒；叶可以造纸和编织草垫；花葶干后可以作纸煤和燃料。

小萱草 *Hemerocallis dumortieri* Morr.

阿福花科

萱草属

别　　名： 谖草

识别要点： 根较粗，多少肉质，上部纺锤形膨大。叶线形，花葶明显短于叶。苞片卵状披针形，至少包住（或遮蔽）花被管全长的一半或 1/3；花长 5~7 厘米；内花被裂片较窄，披针形，宽 1~1.5 厘米；花蕾上部红褐色或绿色；花被橙黄色或金黄色，花被裂片卵状披针形，花药黑色。蒴果近圆形。

主要用途： 庭园栽培供观赏。根及根状茎可药用。

郑州树木园植物图谱（草本卷）——阿福花科

萱草 *Hemerocallis fulva* (L.) L.

别　　名： 摺叶萱草、黄花菜

识别要点： 根近肉质，中下部有纺锤状膨大。叶一般较宽。圆锥花序顶生，有花 6~12 朵；花早开晚谢，无香味，橘红色至橘黄色，内花被裂片下部一般有"∧"形彩斑，花长 7~12 厘米；花梗长约 1 厘米，有小的披针形苞片；花被基部粗短漏斗状，花被 6 片，两轮排列，各 3 片，开展，向外反卷。

主要用途： 庭园栽培供观赏。花可作染料。

石蒜科

葱属

葱 *Allium fistulosum* L.

别　　名： 北葱

识别要点： 鳞茎单生，圆柱状，稀为基部膨大的卵状圆柱形；鳞茎外皮白色，稀淡红褐色，膜质至薄革质，不破裂。叶、花葶圆柱状，中空。伞形花序球状，多花，较疏散；小花梗纤细，与花被片等长，或为其 2~3 倍长，基部无小苞片；花被近卵形，先端渐尖，具反折的尖头，外轮的稍短；花丝为花被片长度的 1.5~2 倍，锥形。

主要用途： 作蔬菜食用。鳞茎和种子可入药。

郑州树木园植物图谱（草本卷）——石蒜科

葱莲 *Zephyranthes candida* (Lindl.) Herb.

葱莲属

别　　名：葱兰、玉帘

识别要点：多年生草本植物。叶狭线形，肥厚，亮绿色。花茎中空；花单生于花茎顶端，下有带褐红色的佛焰苞状总苞，总苞片顶端二裂；花梗长约 1 厘米；花白色，外面常带淡红色；几无花被管，花被片 6 片，长 3~5 厘米，顶端钝或具短尖头，宽约 1 厘米，近喉部常有很小的鳞片；雄蕊 6 枚，长约为花被的1/2；花柱细长，柱头不明显三裂。

主要用途：栽培供观赏。

石刁柏 *Asparagus officinalis* L.

别　名：芦笋、露笋

识别要点：直立草本植物。高可达 1 米。茎平滑，上部在后期常俯垂，分枝
较柔弱。叶状枝每 3~6 条成簇，近扁的圆柱形，略有钝棱，纤细；
鳞片状叶基部有刺状短距或近无距。花每 1~4 朵腋生，绿黄色；
花梗关节生于上部或近中部；雄花花被长 5~6 毫米；雌花花被长
约 3 毫米。浆果直径 7~8 毫米，熟时红色，有 2~3 颗种子。

主要用途：嫩苗可供蔬食。

天门冬科

玉簪属

别　　名： 紫萼玉簪

识别要点： 叶卵状心形、卵形至卵圆形，长与宽相等或稍长，但不超过宽的一倍，基部心形或近截形，具 7~11 对侧脉。花葶高 60~100 厘米，具 10~30 朵花；花单生，长 4~5.8 厘米，盛开时从花被管向上骤然作近漏斗状扩大，紫红色；苞片长 1~2 厘米；雄蕊伸出花被之外，完全离生。蒴果圆柱状，有 3 条棱。

主要用途： 栽培供观赏。种子可入药。

郑州树木园植物图谱

沿阶草 *Ophiopogon bodinieri* H. Levl.

别　　名： 铺散沿阶草、矮小沿阶草

识别要点： 根状茎较小，具横生的地下茎。叶基生成丛，禾叶状。花葶较叶
稍短或几等长；总状花序长 1~7 厘米，具几朵至十几朵花；花常
单生或 2 朵簇生于苞片腋内；苞片条形或披针形，少数呈针形，
稍带黄色，半透明；花梗长 5~8 毫米，关节位于中部；花被片长
4~6 毫米；花丝很短；花柱细，长 4~5 毫米。

主要用途： 可作地被植物。全草入药。

麦冬 *Ophiopogon japonicus* (L. f.) Ker-Gawl.

别　　名：麦门冬、矮麦冬

识别要点：根状茎较小，具横生的地下茎。叶基生成丛，禾叶状，边缘具细
锯齿。花葶长 6~15（27）厘米，通常比叶短得多；总状花序；
花单生或成对着生于苞片腋内；苞片披针形，先端渐尖；花梗长
3~4 毫米，关节位于中部以上或近中部；花被片常稍下垂而不展
开，披针形，长约 5 毫米，白色或淡紫色；花药三角状披针形。

主要用途：栽培供观赏。块根可入药。

鸭跖草 *Commelina communis* L.

别　　名： 淡竹叶、竹叶菜、鸭趾草、挂梁青、鸭儿草、竹芹菜

识别要点： 茎匍匐生根，多分枝，基部节上常有须根。总苞片佛焰苞状，有柄，与叶对生，折叠状，展开后为心形，顶端短急尖，基部心形，边缘常有硬毛；聚伞花序，下面一枝仅有花 1 朵，不孕；上面一枝具花 3~4 朵，具短梗，不伸出佛焰苞；萼片膜质，内面 2 片常靠近或合生；花瓣深蓝色，内面 2 片具爪。蒴果 2 室，2 片裂，种子 4 颗。

主要用途： 全草可入药。

青绿薹草 *Carex breviculmis* R. Br.

别　　名： 青菅

识别要点： 秆丛生，纤细，三棱形，上部稍粗糙，基部叶鞘淡褐色，撕裂成纤维状。叶短于秆。小穗 2~5 个，顶生小穗雄性，侧生小穗雌性。果囊倒卵形、钝三棱形，膜质，淡绿色，具多条脉，上部密被短柔毛，基部渐狭，具短柄，顶端急缩成圆锥状的短喙，喙口微凹。小坚果紧包于果囊中。花柱基部膨大成圆锥状，柱头 3 枚。

主要用途： 常用作草坪草。

碎米莎草 *Cyperus iria* L.

莎草属

别　　名： 三楞草、三轮草、四方草、细三棱、米莎草

识别要点： 一年生草本植物。具须根。叶状苞片 3~5 片，下面的 2~3 片常
较花序长；小穗排列在辐射枝所延长的花序轴上，呈穗状花序；
小穗排列松散，斜展开，长圆形、披针形或线状披针形，压扁，
具 6~22 朵花；小穗轴上近于无翅；鳞片顶端微缺，具极短的短
尖，背面具龙骨状突起。小坚果三棱形，与鳞片等长，褐色，
具密的微突起细点。

主要用途： 可作地被植物。

旋鳞莎草 *Cyperus michelianus* (L.) Link

别　　名： 头穗藨草、小碎米莎草、白莎草、护心草、旋颖莎草

识别要点： 一年生草本植物。具许多须根。秆密丛生，扁三棱形，平滑。苞片 3~6 片，叶状；长侧枝聚伞花序呈头状，辐射枝不发达，具极多数密集的小穗；鳞片螺旋状排列，膜质，长圆状披针形，淡黄白色，稍透明，有时上部中间具黄褐色或红褐色条纹，具 3~5 条脉，中脉呈龙骨状突起，绿色，延伸出顶端呈一短尖；鳞片螺旋状排列。

主要用途： 可药用。

香附子 *Cyperus rotundus* L.

莎草属

别　　名： 香附、香头草、梭梭草

识别要点： 匍匐根状茎长。叶短于秆，宽 2~5 毫米，平张；辐射枝斜向展开，松散，细长，可达 12 厘米。叶状苞片常长于花序；小穗轴具较宽的翅，排列在辐射枝所延长的花序轴上，呈陀螺形穗状花序；鳞片稍密，覆瓦状排列，暗血红色，卵形或长圆状卵形，后期不张开。小坚果长圆状倒卵形，三棱形，长为鳞片的1/3~2/5，具细点。

主要用途： 块茎名为香附子，可药用。

郑州树木园植物图谱（草本卷）——莎草科

看麦娘 *Alopecurus aequalis* Sobol.

别　　名： 棒棒草

识别要点： 一年生。秆少数丛生，光滑，节处常膝曲，高 15~40 厘米。圆锥花序圆柱状，灰绿色；小穗椭圆形或卵状长圆形，长 2~3 毫米；颖膜质，基部互相连合，具 3 条脉，脊上有细纤毛，侧脉下部有短毛；外稃膜质，先端钝，等大或稍长于颖，下部边缘互相连合，芒长 1.5~3.5 毫米；花药橙黄色，长 0.5~0.8 毫米。

主要用途： 全草可入药。

日本看麦娘 *Alopecurus japonicus* Steud.

别　　名：稍草、麦娘娘

识别要点：一年生。秆具 3~4 节，高 20~50 厘米。叶鞘松弛；叶舌膜质；叶片上面粗糙，下面光滑。圆锥花序圆柱状，长 3~10 厘米；小穗长圆状卵形；颖仅基部互相连合，具 3 条脉，脊上具纤毛；外稃略长于颖，厚膜质，下部边缘互相连合，芒长 8~12 毫米，近稃体基部伸出，上部粗糙，中部稍膝曲；花药色淡或白色，长约 1 毫米。

主要用途：全草可入药。

茅叶荩草 *Arthraxon prionodes* (Steudel) Dandy

荩草属

别　　名： 马耳草

识别要点： 秆坚硬，具多节。叶片顶端渐尖，基部心形抱茎，边缘常具疣基毛；叶舌膜质。总状花序，花序轴密被白色纤毛；无柄小穗长圆状披针形，第一颖顶端尖，两侧呈龙骨状；第二外稃背面近基部处生一芒；芒膝曲扭转，雄蕊有柄小穗披针形，雄性；第一颖草质，具脉，顶端尖，边缘包着第二颖。

主要用途： 可作地被植物。

禾本科

燕麦属

野燕麦 *Avena fatua* L.

别　　名： 燕麦草、乌麦

识别要点： 一年生。须根较坚韧。秆直立，光滑无毛，具2~4节。叶鞘松弛；叶舌透明膜质，长1~5毫米；叶片扁平，微粗糙。圆锥花序开展，分枝具棱角，粗糙；小穗长18~25毫米，含2~3朵小花，其柄弯曲下垂，顶端膨胀；小穗轴密生硬毛；颖草质，通常具9条脉；外稃质地坚硬，背面中部以下具硬毛，芒自稃体中部稍下处伸出。

主要用途： 可作饲料，也可作造纸原料。

光稃野燕麦 *Avena fatua* var. *glabrata* Peterm.

别　　名： 光轴野燕麦

识别要点： 一年生。须根较坚韧。秆直立，光滑无毛，具 2~4 节。叶鞘松弛；
叶舌透明膜质，长 1~5 毫米；叶片扁平，微粗糙。圆锥花序开展，
分枝具棱角，粗糙；小穗长 18~25 毫米，含 2~3 朵小花，其柄
弯曲下垂，顶端膨胀；小穗轴密生硬毛；颖草质，通常具 9 条脉；
外稃质地坚硬，光滑无毛，芒自稃体中部稍下处伸出。

主要用途： 可作饲料，也可作造纸原料。

菵草 *Beckmannia syzigachne* (Steud.) Fern.

菵草属

别　　名：菵米、水稗子

识别要点：一年生。秆直立，具 2~4 节。叶鞘无毛，多长于节间；叶舌透明膜质，长 3~8 毫米；叶片扁平，长 5~20 厘米。圆锥花序，分枝稀疏；小穗扁平，圆形，灰绿色；颖草质，边缘质薄，白色，背部灰绿色，具淡色的横纹；外稃具 5 条脉，常具伸出颖外之短尖头；花药黄色，长约 1 毫米。颖果黄褐色，先端具丛生短毛。

主要用途：为优良饲料。谷粒可食。

白羊草 *Bothriochloa ischaemum* (L.) Keng

别　　名： 白半草、白草、大王马针草、黄草、蓝茎草

识别要点： 叶鞘无毛，常短于节间；叶舌膜质，具纤毛。总状花序呈指状排列或为伞房状，花序主轴短；第一内稃长圆状披针形，长约 0.5 毫米；第二内稃退化；鳞被 2 片，楔形；雄蕊 3 枚，长约 2 毫米；有柄小穗雄性；第一颖背部无毛，具 9 条脉；第二颖具 5 条脉，背部扁平，两侧内折，边缘具纤毛。

主要用途： 可作牧草。根可制各种刷子。

扁穗雀麦 *Bromus catharticus Vahl.*

别　　名： 大扁雀麦、牧雀麦

识别要点： 叶鞘闭合，被柔毛；叶舌长约 2 毫米，具缺刻；叶片散生柔毛。圆锥花序开展；分枝粗糙，具 1~3 个大型小穗；小穗两侧极压扁，含 6~11 朵小花；小穗轴节间长约 2 毫米，粗糙；颖窄披针形，第一颖具 7 条脉，第二颖稍长，具 7~11 条脉；外稃沿脉粗糙，顶端具芒尖，基盘钝圆，无毛；内稃长约为外稃的 1/2，两脊生纤毛。

主要用途： 为优质牧草。

禾本科

雀麦属

雀麦 *Bromus japonicus* Thunb. ex Murr.

别　　名： 杜姥草、野麦、野大麦、山大麦

识别要点： 一年生。叶鞘闭合，被柔毛；叶两面生柔毛。圆锥花序疏展，具2~8个分枝，向下弯垂；分枝细，上部着生1~4个小穗；小穗黄绿色；颖近等长，脊粗糙，边缘膜质；外稃椭圆形，草质，边缘膜质，具9条脉，微粗糙，芒自先端下部伸出，成熟后外弯；内稃长7~8毫米，两脊疏生细纤毛；小穗轴短棒状，长约2毫米；花药长1毫米。

主要用途： 可作牧草。全草供药用。

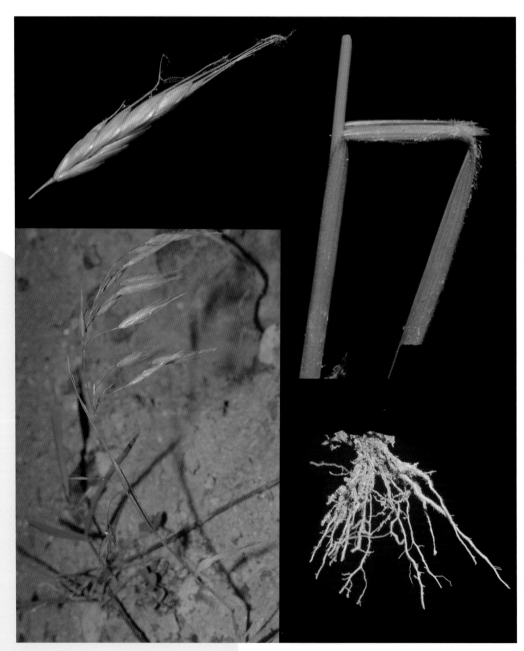

虎尾草 *Chloris virgata* Sw.

虎尾草属

别　　名： 棒锤草、刷子头、盘草

识别要点： 叶鞘背部具脊，包卷松弛，无毛。穗状花序 5 至 10 余朵花，指
状着生于秆顶，常直立而并拢成毛刷状；第一小花两性，外稃纸
质，两侧压扁，呈倒卵状披针形，长 2.8~3 毫米，3 条脉；第二
小花不孕，长楔形，仅存外稃；小穗除颖外具二芒；不孕外稃
先端宽阔而截平。颖果纺锤形，淡黄色，光滑无毛而半透明，
胚长约为颖果的 2/3。

主要用途： 为优质牧草。

糙隐子草 *Cleistogenes squarrosa* (Trin.) Keng

隐子草属

别　　名：兔子毛

识别要点：植株细弱，常铺散，秋霜后常呈紫红色。秆基部常具鳞芽，枯叶鞘较少，秆干后呈蜿蜒状或回旋状弯曲。花序具少数小穗；小穗长 5~7 毫米，含 2~3 朵小花，绿色或带紫色；颖具 1 条脉，边缘膜质，第一颖长 1~2 毫米，第二颖长 3~5 毫米；外稃披针形，具 5 条脉，外稃有芒，其芒长 0.5~9 毫米。

主要用途：为优质牧草。

狗牙根 *Cynodon dactylon* (L.) Pers.

别　　名：绊根草、爬根草、咸沙草

识别要点：低矮草本植物。具根茎。秆细而坚韧，下部匍匐地面蔓延甚长，
　　　　　　节上常生不定根，秆壁厚，光滑无毛。叶鞘微具脊，鞘口常具柔
　　　　　　毛；叶舌仅为一轮纤毛；叶片线形，通常两面无毛。穗状花序；
　　　　　　小穗仅含 1 朵小花；外稃舟形，具 3 条脉，背部明显成脊，脊上
　　　　　　被柔毛；内稃与外稃近等长，具 2 条脉；花药淡紫色；子房无毛，
　　　　　　柱头紫红色。

主要用途：可作地被植物，也可作饲料。全草可入药。

升马唐 *Digitaria ciliaris* (Retz.) Koel.

别　　名: 纤毛马唐

识别要点: 秆基部横卧地面,节处生根和分枝。叶片较宽大。总状花序具5~8朵花,长5~12厘米,呈指状排列于茎顶;穗轴宽约1毫米,边缘粗糙;小穗披针形,长3~3.5毫米,孪生;第一颖小,三角形;第二颖长约为小穗的2/3;第一外稃等长于小穗,具7条脉,脉间贴生柔毛,边缘具长柔毛;第二外稃顶端藏于第一外稃之内而不外露。

主要用途: 可作牧草。

毛马唐 *Digitaria ciliaris* var. *chrysoblephara* (Figari & De Notaris) R. R. Stewart

马唐属

别　　名：黄缝马唐

识别要点：叶片较宽大。总状花序具 4~10 朵花，呈指状排列于秆顶；穗轴中肋白色，两侧之绿色翼缘粗糙，呈细刺状；小穗披针形，长 3~3.5 毫米，孪生；第一颖小，三角形；第二颖长约为小穗的 2/3；第一外稃等长于小穗，具 7 条脉，中脉两侧的脉间较宽而无毛，间脉与边脉间具柔毛及疣基刚毛；第二外稃顶端藏于第一外稃之内而不外露。

主要用途：可作牧草。

马唐 *Digitaria sanguinalis* (L.) Scop.

马唐属

别　　名： 蹲倒驴

识别要点： 秆直立或下部倾斜，膝曲上升，节生柔毛。叶鞘短于节间，散生疣基柔毛；叶舌长 1~3 毫米；叶片线状披针形，基部圆形，边缘较厚，微粗糙，小穗孪生于穗轴各节，宽披针形，长约为其宽的 3 倍，顶端尖或渐尖；第一颖小，短三角形；小穗柄三棱形，边缘粗糙，呈小刺状，顶端截平；第一外稃等长于小穗，边脉粗糙，呈小刺状。

主要用途： 为优质牧草。

长芒稗 *Echinochloa caudata* Roshev.

别　　名：长芒野稗、长尾稗、凤稗、红毛稗、水稗草、稗草

识别要点：叶片上下表皮细胞结构不相似。圆锥花序柔软，下垂或点头，分枝密集，常再分小枝；小穗卵状椭圆形，长 3~4 毫米，芒长 1.5~5厘米；第二颖与小穗等长。第一外稃草质，顶端具长 1.5~5 厘米的芒，具 5 条脉，脉上疏生刺毛，内稃膜质，先端具细毛，边缘具细睫毛；第二外稃革质，光亮，边缘包着同质的内稃；鳞被 2 片，具 5 条脉。

主要用途：为优等牧草。

光头稗 *Echinochloa colona* (L.) Link

别　　名： 芒稷、扒草、穆草

识别要点： 植株基部常向外开展；叶片宽不超过 1 厘米。圆锥花序狭窄，直立或稍点头，其分枝不再具小枝；花序轴上无疣基长刚毛；小穗阔卵形或卵形，长不超过 3 毫米，顶端急尖或无芒；第一颖长为小穗的 1/2；第二颖等长于小穗；第一小花常中性，其外稃具 7 条脉，内稃膜质，稍短于外稃，脊上被短纤毛；第二外稃草质。

主要用途： 全草为牲畜青饲料；谷粒含淀粉，可制糖或酿酒。

无芒稗 *Echinochloa crus-galli* var. *mitis* (Pursh) Petermann

别　　名：落地稗

识别要点：秆高 50~120 厘米，粗壮。叶片长 20~30 厘米，宽 6~12 毫米。圆锥花序直立，长 10~20 厘米，分枝斜上举而开展，常再分枝；小穗卵状椭圆形，长约 3 毫米，无芒或具极短芒，芒长常不超过 0.5 毫米，脉上被疣基硬毛；第一颖三角形，脉上具疣基毛；第二颖与小穗等长，先端渐尖或具小尖头；第一小花通常中性，外稃草质。

主要用途：为优等牧草。

牛筋草 *Eleusine indica* (L.) Gaertn.

别　　名：蟋蟀草

识别要点：一年生草本植物。根系极发达。秆丛生，基部倾斜。叶鞘两侧压扁而具脊，松弛；叶舌长约 1 毫米；叶片平展，线形。穗状花序 2~7 个指状着生于秆顶；小穗含 3~6 朵小花；颖披针形，具脊，脊粗糙；第一外稃长 3~4 毫米，卵形，膜质，具脊，脊上有狭翼，内稃短于外稃，具 2 条脊，脊上具狭翼。鳞被 2 片，折叠，具 5 条脉。

主要用途：全株可作饲料，又为优良保土植物；全草可入药。

纤毛鹅观草 *Elymus ciliaris* (Trinius ex Bunge) Tzvelev

禾本科

披碱草属

别　　名：纤毛披碱草

识别要点：叶片扁平，边缘粗糙。小穗通常绿色；颖椭圆状披针形，先端常具短尖头，具5~7条脉，边缘与边脉上具有纤毛；外稃长圆状披针形，背部被粗毛，边缘具长而硬的纤毛，上部具有明显的5条脉，通常在顶端两侧或1侧具齿，第一外稃长8~9毫米，顶端延伸成粗糙反曲的芒；内稃长为外稃的2/3，先端钝头，脊的上部具少许短小纤毛。

主要用途：幼嫩秆叶可作饲料。

郑州树木园植物图谱（草本卷）——禾本科

画眉草 *Eragrostis pilosa* (L.) Beauv.

别　　名： 星星草、蚊子草

识别要点： 一年生草本植物。不具腺体。圆锥花序分支腋间有长柔毛；小穗具柄，小穗轴在小穗成熟后并不逐节断落；第一颖长约 1 毫米，无脉，第二颖长约 1.5 毫米；第一外稃长约 1.8 毫米，广卵形，先端尖，具 3 条脉；内稃长约 1.5 毫米，稍作弓形弯曲，脊上有纤毛，迟落或宿存；雄蕊 3 枚，花药长约 0.3 毫米。

主要用途： 为优良饲料；药用可治跌打损伤。

大麦属

大麦 *Hordeum vulgare* L.

别　　名：牟麦、饭麦、赤膊麦

识别要点：一年生。秆粗壮，光滑无毛。小穗稠密，每节着生三枚发育的小穗；小穗均无柄，皆可育；穗轴于成熟时坚韧不断；颖线状披针形，外被短柔毛，先端常延伸为 8~14 毫米的芒；外稃具 5 条脉，先端延伸成芒，芒长 8~15 厘米，边棱具细刺。颖果成熟时黏着于稃体，不脱出。

主要用途：为重要的粮食作物。茎叶为牲畜牧草；秆为造纸的原料。

禾本科

白茅属

白茅 *Imperata cylindrica* (L.) Beauv.

别　　名：毛启莲、红色男爵白茅

识别要点：多年生，具粗壮的长根状茎。秆直立，具 1~3 节，节无毛。叶鞘聚集于秆基；叶舌膜质，分蘖叶片长约 20 厘米，扁平。圆锥花序稠密，长 20 厘米，宽达 3 厘米；小穗基盘具长 12~16 毫米的丝状柔毛；第一外稃长为颖片的 2/3；第二外稃与其内稃近相等；雄蕊 2 枚，花药长 3~4 毫米；花柱细长，柱头 2 枚，紫黑色，羽状。

主要用途：根茎可入药。

大白茅 *Imperata cylindrica var. major* (Nees) C. E. Hubbard

别　　名：丝毛草根、白茅根、茅根、茅针、丝茅

识别要点：多年生，具多节被鳞片的长根状茎。叶片边缘粗糙，上面被细柔
毛。圆锥花序穗状，长 6~15 厘米，分枝短缩而密集；小穗披针形，
基部密生丝状柔毛；第一外稃卵状长圆形，顶端尖；第二外稃长
约 1.5 毫米；内稃宽大于其长度，顶端截平；雄蕊 2 枚，花药黄色，
先雌蕊而成熟；柱头 2 枚，紫黑色，自小穗顶端伸出。

主要用途：茎叶为牲畜牧草；秆为造纸的原料；根状茎、茅花可入药。

多花黑麦草 *Lolium multiflorum* Lam.

别　　名： 意大利黑麦草

识别要点： 一年生草本植物。花期不具分蘖叶；小穗含 10~15 朵小花，侧生于穗轴上；小穗轴节间长约 1 毫米，平滑无毛；颖披针形，质地较硬，具 5~7 条脉，具狭膜质边缘，顶端钝，通常与第一小花等长；外稃长圆状披针形，具 5 条脉，基盘小，顶端膜质透明，具长约 5（15）毫米之细芒；内稃约与外稃等长，脊上具纤毛。颖果长约为宽的 3 倍。

主要用途： 为优良牧草。

黑麦草 *Lolium perenne* L.

别　　名：宿根黑麦草

识别要点：多年生，具细弱根状茎。秆丛生，具3~4节，质软，基部节上生根。花期具分蘖叶；颖披针形，为其小穗长的1/3，具5条脉，边缘狭膜质；外稃长圆形，草质，长5~9毫米，具5条脉，平滑，基盘明显，顶端无芒，或上部小穗具短芒，第一外稃长约7毫米；内稃与外稃等长，两脊生短纤毛。颖果长约为宽的3倍。

主要用途：为优良牧草。

臭草 *Melica scabrosa* Trin.

别　　名：肥马草、枪草

识别要点：多年生。须根细弱，较稠密。叶鞘闭合近鞘口，常撕裂；叶舌透明膜质，长 1~3 毫米，顶端撕裂而两侧下延。圆锥花序狭窄；小穗柄短，纤细，上部弯曲，被微毛；小穗淡绿色或乳白色，含孕性小花 2~4（6）朵，顶端由数个不育外稃集成小球形；小穗轴节间长约 1 毫米，光滑；外稃草质，顶端尖或钝且为膜质，具 7 条隆起的脉。

主要用途：全草可入药。

粉黛乱子草 *Muhlenbergia capillaris* Trin.

乱子草属

别　　名： 毛芒乱子草

识别要点： 多年生草本植物。圆锥花序狭窄或开展；小穗细小，含 1 朵小花，很少 2 朵花；颖质薄，宿存，近于相等或第一颖较短，短于或近等于外稃，常具 1 条脉或第一颖无脉；外稃膜质，下部疏生软毛，基部具微小而钝的基盘，先端尖或具 2 个微齿，具 3 条脉，主脉延伸成芒，其芒细弱，糙涩；内稃膜质，与外稃等长，具 2 条脉；鳞被 2 片。

主要用途： 栽培供观赏。

细柄黍 *Panicum sumatrense* Roth ex Roemer & Schultes

别　　名：无稃细柄黍

识别要点：一年生。叶舌膜质，截形，长约 1 毫米，顶端被睫毛；叶片线形，质较柔软，顶端渐尖，基部圆钝，两面无毛。圆锥花序开展，基部常为顶生叶鞘所包；小穗卵状长圆形，长约 3 毫米，顶端尖，无毛，有柄，顶端膨大，柄长于小穗；第一颖长约为小穗的 1/3，具 3~5 条脉；第二颖长卵形，与小穗等长，顶端喙尖，具 11~13 条脉。

主要用途：为优良牧草。

狼尾草 *Pennisetum alopecuroides* (L.) Spreng.

别　名： 狗尾巴草、芮草、老鼠狼、狗仔尾

识别要点： 秆直立，丛生。叶鞘光滑，两侧压扁；叶舌具长约 2.5 毫米的纤毛；叶片线形。圆锥花序直立；总苞状的刚毛粗糙，不呈羽毛状；小穗的总梗长 1~3 毫米；第一小花中性，第一外稃与小穗等长，具 7~11 条脉；第二外稃与小穗等长，披针形，具 5~7 条脉，边缘包着同质的内稃；鳞被 2 片，楔形；雄蕊 3 枚，花药顶端无毫毛；花柱基部联合。

主要用途： 可作饲料；栽培供观赏。

鬼蜡烛 *Phleum paniculatum* Huds.

梯牧草属

别　　名： 假看麦娘

识别要点： 一年生。秆细瘦，直立，丛生，基部常膝曲，具 3~5 节。叶鞘短
于节间；叶舌膜质；叶片扁平，先端尖。圆锥花序紧密，呈窄的
圆柱状，成熟后呈草黄色；小穗楔形或倒卵形；颖具 3 条脉，脉
间具深沟，脊上无毛或具硬纤毛，先端具长约 0.5 毫米的尖头；
外稃卵形，贴生短毛；内稃几等长于外稃；花药长约 0.8 毫米。
颖果长约 1 毫米。

主要用途： 可作观赏草坪植物。全草可入药。

芦苇 *Phragmites australis* (Cav.) Trin. ex Steud.

芦苇属

别　　名：芦、苇、葭、兼

识别要点：多年生，根状茎十分发达。秆大多直立，不具地面长匍匐茎；秆之髓腔周围由薄壁细胞组成，无厚壁层。小穗较大，长（10）13~20毫米；第一不孕外稃明显长大；外稃基盘之两侧密生等长或长于其稃体之丝状柔毛。

主要用途：秆为造纸原料或作编席织帘及建棚材料；茎、叶嫩时为饲料；根状茎供药用。

早熟禾 *Poa annua* L.

别　　名：爬地早熟禾

识别要点：一年生或冬性禾草。叶鞘稍压扁，中部以下闭合；叶舌长 1~3（5）毫米，圆头；叶片扁平或对折，质地柔软，常有横脉纹，顶端急尖呈船形，边缘微粗糙。圆锥花序长圆形，小穗轴不外露；第一颖具 1 条脉，颖与外稃质地较薄；外稃间脉大多明显，内稃沿两脊全被长而密的丝状毛；花药黄色，长 0.6~0.8 毫米。颖果纺锤形。

主要用途：常作公园、风景区、庭院及运动场草坪。

细叶早熟禾 *Poa pratensis* subsp. *angustifolia* (L.) Lejeun

别　　名：细杆早熟禾

识别要点：多年生，具匍匐根状茎。叶片细长内卷，宽约 2 毫米。圆锥花序长圆形，宽约 2 厘米，分枝开展；小穗卵圆形，含 2~5 朵小花；颖近相等，顶端尖，脊上微粗糙，第一颖稍短，具 1 条脉；外稃顶端尖，具狭膜质，下部 2/3 和边脉下部 1/2 具长柔毛，间脉明显，基盘密生长绵毛；第一外稃长约 3 毫米，脊与边脉下部具柔毛，基盘具绵毛。

主要用途：常作公园、风景区、庭院及运动场草坪。

禾本科

棒头草属

棒头草 *Polypogon fugax* Nees ex Steud.

别　　名： 狗尾稍草、稍草

识别要点： 一年生。秆丛生，基部膝曲。叶鞘光滑无毛；叶舌膜质，长圆形。圆锥花序穗状，长圆形或卵形，较疏松；小穗长约 2.5 毫米，灰绿色或部分带紫色；颖长圆形，先端 2 个浅裂，芒从裂口处伸出，细直，微粗糙；外稃光滑，先端具微齿，中脉延伸成长约 2 毫米而易脱落的芒；雄蕊 3 枚，花药长 0.7 毫米。颖果椭圆形，1 面扁平。

主要用途： 秆、叶可作饲料。

金色狗尾草 *Setaria pumila* (Poiret) Roemer & Schultes

别　　名： 恍莠莠、硬秤狗尾草

识别要点： 秆光滑无毛。叶鞘下部扁压具脊；叶舌具一圈长约1毫米的纤毛；叶片上面粗糙，下面光滑。圆锥花序紧密呈圆柱状或狭圆锥状，直立，刚毛金黄色或稍带褐色，粗糙，长4~8毫米，通常在一簇中仅具一个发育的小穗，第一颖具3条脉；第一外秤与小穗等长或微短，具5条脉；第二小花两性，外秤革质，等长于第一外秤。

主要用途： 可作牧草。

狗尾草 *Setaria viridis* (L.) Beauv.

别　　名：莠、谷莠子

识别要点：根须状。叶鞘松弛，边缘具较长的密绵毛状纤毛。圆锥花序，基部连续，刚毛粗糙不具倒刺；小穗先端钝；第一颖长约为小穗的1/3，具3条脉；第二颖几与小穗等长；第一外稃与小穗等长，具5~7条脉，先端钝，其内稃短小狭窄；第二外稃椭圆形，顶端钝，具细点状皱纹，边缘内卷，狭窄；鳞被楔形，顶端微凹；花柱基分离。

主要用途：秆、叶可作饲料，也可入药。

虱子草 *Tragus berteronianus* Schultes

锋芒草属

别　　名： 天仙草、钩虫草

识别要点： 花序紧密，几呈穗状；小穗长 2~3 毫米，通常 2 个簇生，均能发育，稀仅 1 个发育；第一颖退化，第二颖革质，具 5 条肋，肋上具钩刺，刺几生于顶端，刺外无明显伸出的小尖头；外稃膜质，卵状披针形，疏生柔毛，内稃稍狭而短；雄蕊 3 枚，花药椭圆形，细小；花柱 2 裂，柱头帚状。颖果椭圆形，稍扁，与稃体分离。

主要用途： 可作牧草。

玉蜀黍 *Zea mays* L.

别　　名：包谷、玉米

识别要点：叶片扁平宽大，线状披针形。小穗单性，雌、雄异序；雄性小穗孪生，长达1厘米，小穗柄一长一短；雄蕊3枚；雌花序被宽大的鞘状苞片所包藏；雌小穗孪生，呈16~30纵行排列于粗壮之序轴上，两颖等长，宽大，无脉，具纤毛；外稃及内稃透明膜质，雌蕊具极长而细弱的线形花柱。颖果成熟后露出颖片和稃片之外。

主要用途：为重要的粮食作物。

罂粟科

紫堇属

地丁草 *Corydalis bungeana* Turcz.

别　　名：彭氏紫堇、布氏地丁、苦地丁

识别要点：二年生草本植物。茎自基部铺散分枝，灰绿色，具棱。基生叶多数，叶柄约与叶片等长；叶片上面绿色，下面苍白色，二至三回羽状全裂。总状花序多花，先密集，后疏离；苞片叶状；花梗短；萼片具齿，常早落；花粉红色至淡紫色，平展；外花瓣顶端多少下凹，具浅鸡冠状突起。蒴果椭圆形，下垂，具2列种子。种阜鳞片状。

主要用途：全草可药用。

紫堇 *Corydalis edulis* Maxim.

紫堇属

别　　名: 蝎子花、麦黄草、断肠草、闷头花

识别要点: 主根细长。花枝花葶状,常与叶对生。总状花序疏具 3~10 朵花;苞片狭卵圆形至披针形,渐尖,全缘,有时下部的疏具齿,约与花梗等长或稍长;外花瓣顶端微凹,无鸡冠状突起,距短于瓣片;内花瓣具鸡冠状突起;爪纤细,稍长于瓣片;柱头横向纺锤形,上缘具槽,两端各具 1 个乳突。

主要用途: 可作蔬菜。全草可药用。

刻叶紫堇 *Corydalis incisa* (Thunb.) Pers.

别　　名： 地锦苗、断肠草、羊不吃、紫花鱼灯草

识别要点： 根茎短而肥厚，具束生的须根。叶具长柄，叶片二回三出，一回羽片具短柄，二回羽片近无柄，三深裂，裂片具缺刻状齿。总状花序，多花；苞片约与花梗等长，具缺刻状齿；萼片小，丝状深裂；外花瓣顶端圆钝，顶端稍后具陡峭的鸡冠状突起；内花瓣顶端深紫色；柱头近扁四方形，顶端具4个短柱状乳突。蒴果具1列种子。

主要用途： 全草可药用。

秃疮花 *Dicranostigma leptopodum* (Maxim.) Fedde

秃疮花属

别　　名：秃子花、勒马回

识别要点：多年生草本植物。全体含淡黄色液汁。主根圆柱形。茎多，绿色，具粉。萼片卵形，先端渐尖成距，距末明显扩大成匙形，无毛或被短柔毛；花瓣倒卵形至回形，黄色；雄蕊多数，花丝丝状，长3~4毫米，花药长圆形，长1.5~2毫米，黄色；子房狭圆柱形，长约6毫米，绿色，密被疣状短毛，花柱短，柱头2裂，直立。蒴果线形。

主要用途：根及全草可药用。

罂粟科

角茴香属

角茴香 *Hypecoum erectum* L.

别　　名：咽喉草、麦黄草、黄花草、雪里青

识别要点：一年生草本植物。花茎多，圆柱形。基生叶多数，多回羽状细裂；叶柄细。二歧聚伞花序多花；萼片卵形，先端渐尖，全缘；花瓣淡黄色，无毛，外面2片倒卵形或近楔形，先端宽，3个浅裂，里面2片倒三角形，3裂至中部以上，侧裂片较宽，具微缺刻，中裂片狭，匙形，先端近圆形。蒴果2瓣裂。种子近四棱形，具十字形突起。

主要用途：全草可入药。

郑州树木园植物图谱（草本卷）——罂粟科

虞美人 *Papaver rhoeas* L.

别　　名：丽春花、赛牡丹、锦被花、百般娇

识别要点：一年生草本植物。全体被伸展的刚毛。叶互生，羽状分裂，下部叶具柄，上部叶无柄。花单生于茎和分枝顶端；花蕾长圆状倒卵形；花瓣4片，圆形，全缘，稀圆齿状或顶端缺刻状，紫红色，基部通常具深紫色斑点；雄蕊多数，花丝丝状，深紫红色，花药长圆形，黄色；子房倒卵形，无毛，柱头5~18枚，辐射状。

主要用途：栽培供观赏。花和全株可入药。

罂粟 *Papaver somniferum* L.

罂粟属

别　　名: 大烟花、鸦片烟花

识别要点: 一年生草本植物。主根近圆锥状,垂直。茎不分枝,无毛,具白粉。叶互生,下部叶具短柄,上部叶无柄、抱茎。花单生,花瓣4片;花丝线形,白色;子房球形,绿色,无毛,柱头(5)8~12(18)枚,辐射状,连合成扁平的盘状体,盘边缘深裂,裂片具细圆齿。蒴果无毛,成熟时褐色。种子多数,黑色或深灰色,表面呈蜂窝状。

主要用途: 可作庭园观赏植物。果壳可入药;种子榨油可食用。

蝙蝠葛 *Menispermum dauricum* DC.

别　　名：北豆根

识别要点：草质藤本，根状茎褐色。叶纸质或近膜质，边缘有 3~9 个角或 3~9 个裂，两面无毛，下面有白粉。圆锥花序，有细长的总梗；花密集成稍疏散状；雄花萼片 4~8 片，膜质，绿黄色，自外至内渐大，花瓣肉质，有短爪，雄蕊通常 12 枚；雌花退化雄蕊 6~12 枚，雌蕊群具长 0.5~1 毫米的柄。核果紫黑色；果核基部弯缺深约 3 毫米。

主要用途：可作垂直绿化植物。根茎可入药。

夏侧金盏花 *Adonis aestivalis* L.

别　　名：福寿草

识别要点：一年生草本植物。有细直根。茎下部叶小，有长柄，其他茎生叶无柄，茎中部以上叶稍密集，二至三回羽状细裂。花单生于茎顶端，在开花时围在茎近顶部的叶中；萼片约5片，膜质；花瓣约8片，橙黄色，下部黑紫色；子房狭卵形，有1条背肋，顶部渐狭成短花柱。瘦果卵球形，无毛，宿存花柱直，脉网隆起，有明显的背肋和腹肋。

主要用途：栽培供观赏。全草可入药。

茴茴蒜 *Ranunculus chinensis* Bunge

毛茛属

别　　名： 过路黄、老虎爪子

识别要点： 一年生草本植物。全株被糙毛。基生叶片较宽大，3 出复叶，小叶 2~3 个深裂。花序有较多疏生的花，花梗贴生糙毛；花直径 6~12 毫米；萼片狭卵形，长 3~5 毫米，外面生柔毛；花瓣 5 片，宽卵圆形，蜜槽有卵形小鳞片。瘦果扁平，长 3~3.5 毫米，宽约 2 毫米，为厚的 5 倍以上，无毛，边缘有棱，喙极短，呈点状。

主要用途： 全草供药用。

芍药属

芍药 *Paeonia lactiflora* Pall.

别　　名：野芍药、土白芍、芍药花、山赤芍、将离、白苕

识别要点：多年生草本植物。下部茎生叶为二回三出复叶，上部茎生叶为三出复叶；小叶边缘具白色骨质细齿，两面无毛。花数朵，生于茎顶和叶腋，有时仅顶端一朵开放，而近顶端叶腋处有发育不好的花芽；苞片 4~5 片，披针形，大小不等；萼片 4 片，宽卵形或近圆形；花丝长 0.7~1.2 厘米，黄色；花盘浅杯状，包裹心皮基部，顶端裂片钝圆。蓇葖顶端具喙。

主要用途：可作庭园观赏植物。根可药用；种子含油，供制皂和涂料用。

八宝 *Hylotelephium erythrostictum* (Miq.) H. Ohba

景天科

八宝属

别　　名： 景天、活血三七、对叶景天

识别要点： 茎直立，高 30~70 厘米，不分枝。叶对生，少有互生或 3 叶轮生，长圆形至卵状长圆形，叶腋不具珠芽。伞房状花序顶生；花密生，花梗稍短或同长；萼片 5 片，卵形，长 1.5 毫米；花瓣 5 片，白色或粉红色，宽披针形，长 5~6 毫米，渐尖；雄蕊 10 枚，与花瓣同长或稍短，花药紫色；子房椭圆形。

主要用途： 栽培供观赏。全草供药用。

景天科

景天属

佛甲草 *Sedum lineare* Thunb.

别　　名： 佛指甲、铁指甲、狗牙菜、金荽插

识别要点： 多年生草本植物。茎高 10~20 厘米。三叶轮生，叶线形，无柄。花序聚伞状，顶生，疏生花，中央有一朵有短梗的花，另有 2~3 个分枝，分枝常再二分枝，着生花无梗；萼片 5 片，偶有短距；花瓣 5 片，黄色，披针形；雄蕊 10 枚，较花瓣短；鳞片 5 片，宽楔形至近四方形；蓇葖略叉开，长 4~5 毫米，花柱短。

主要用途： 栽培供观赏。全草供药用。

乌蔹莓 *Causonis japonica* (Thunb.) Raf.

乌蔹莓属

别　　名： 乌蔹草、五叶藤、五爪龙、母猪藤、五叶莓

识别要点： 草质藤本。卷须 2~3 个叉分枝，相隔 2 节间断与叶对生。叶为鸟足状 5 小叶，中央小叶长椭圆形或椭圆披针形。花序梗中部以下无节和苞片；花瓣 4 片，三角状卵圆形，高 1~1.5 毫米，外面被乳突状毛，顶端无角状突起；雄蕊 4 枚，花药卵圆形，长宽近相等；子房下部与花盘合生，花柱短，柱头微扩大。种子倒三角状卵圆形，种脊突出。

主要用途： 全草可入药。

蒺藜科

蒺藜属

蒺藜 *Tribulus terrestris* L.

别　　名：白蒺藜、蒺藜狗

识别要点：一年生草本植物。茎平卧，偶数羽状复叶。小叶对生，3~8 对，
先端锐尖或钝，基部稍偏斜，被柔毛，全缘。花腋生，花梗短于叶，
花黄色；萼片 5 片，宿存；花瓣 5 片；雄蕊 10 枚，生于花盘基部，
基部有鳞片状腺体，子房 5 条棱，柱头 5 裂。果有分果瓣 5 个，
中部边缘有锐刺 2 个，下部常有小锐刺 2 个，其余部位常有小瘤体。

主要用途：青鲜时可作饲料；果可入药。

落花生属

落花生 *Arachis hypogaea* L.

别　　名： 长生果、番豆、地豆、花生

识别要点： 叶通常具小叶 2 对；叶柄基部抱茎，先端钝圆形，有时微凹，具小刺尖头。萼管细，长 4~6 厘米；花冠黄色或金黄色，旗瓣直径 1.7 厘米，开展，先端凹入；翼瓣与龙骨瓣分离，翼瓣长圆形或斜卵形，细长；龙骨瓣内弯，先端渐狭成喙状，较翼瓣短；雄蕊 10 枚。

主要用途： 花生为重要油料作物，油麸为肥料和饲料；花生仁是制皂和生发油等化妆品的原料；茎、叶为良好绿肥，茎可供造纸。

草木樨状黄芪 *Astragalus melilotoides* Pall.

黄芪属

别　　名： 草木樨状紫云英、扫帚苗、马梢

识别要点： 多年生草本植物。羽状复叶有 5~7 片小叶，小叶两面被白色伏贴细柔毛；托叶离生。总状花序生多数花，稀疏；花小；花萼短钟状，被白色短伏贴柔毛，萼齿三角形，较萼筒短；旗瓣近圆形或宽椭圆形，先端微凹，基部具短瓣柄，翼瓣较旗瓣稍短，先端有不等的 2 裂或微凹，基部具短耳，龙骨瓣较翼瓣短。荚果长 2.5~3.5 毫米，假 2 室。

主要用途： 为优良牧草。全草入药。

豆科

黄芪属

糙叶黄芪 *Astragalus scaberrimus* Bunge

别　　名：春黄耆、粗糙紫云英

识别要点：多年生草本植物，具匍匐茎，全株密被白色伏贴毛。羽状复叶有7~15片小叶。总状花序具3~5朵花；花梗极短；苞片披针形，较花梗长；花萼管状，被细伏贴毛；花冠淡黄色或白色，旗瓣倒卵状椭圆形，先端微凹，中部稍缢缩，翼瓣较旗瓣短，瓣片长圆形，先端微凹，较瓣柄长，龙骨瓣较翼瓣短，瓣片半长圆形。

主要用途：可作牧草。根可入药。

郑州树木园植物图谱

绣球小冠花 *Coronilla varia L.*

小冠花属

别　　名： 多变小冠花、小冠花

识别要点： 多年生草本植物。奇数羽状复叶，具小叶 11~17（25）片。伞形花序腋生；花 5~10（20）朵，密集排列成绣球状，花冠紫色、淡红色或白色，有明显紫色条纹，长 8~12 毫米；旗瓣近圆形，翼瓣近长圆形；龙骨瓣先端成喙状，喙紫黑色，向内弯曲。荚果细长圆柱形，稍扁，具 4 条棱，先端有宿存的喙状花柱。

主要用途： 栽培供观赏。全草可药用。

郑州树木园植物图谱（草本卷）——豆科

/ 081

野大豆 *Glycine soja* Siebold & Zucc.

别　　名：乌豆、野黄豆、山黄豆、小落豆

识别要点：一年生缠绕草本植物。长 1~4 米。茎、小枝纤细，全体疏被褐色长硬毛。叶具 3 片小叶；托叶急尖，被黄色柔毛。总状花序；花小；花梗密生黄色长硬毛；花萼钟状，密生长毛，裂片 5 片；花冠淡红紫色或白色，旗瓣先端微凹，基部具短瓣柄，翼瓣有明显的耳，龙骨瓣密被长毛；花柱短而向一侧弯曲。荚果长圆形，稍弯，密被长硬毛。

主要用途：可作牧草、绿肥和水土保持植物。茎皮纤维可织麻袋。

大豆属

少花米口袋 *Gueldenstaedtia verna* (Georgi) Boriss.

别　　名： 米布袋、紫花地丁

识别要点： 多年生草本植物。主根直下，分茎具宿存托叶。植株被毛。小叶长椭圆形至披针形。伞形花序有花 2~4 朵，总花梗约与叶等长；旗瓣卵形，长 13 毫米，先端微缺，翼瓣瓣片倒卵形，具斜截头。子房椭圆状，密被疏柔毛，花柱无毛，内卷。荚果长圆筒状，被长柔毛，成熟时毛稀疏，开裂。种子圆肾形，具不深凹点。

主要用途： 全草供药用。

白花米口袋 *Gueldenstaedtia verna* subsp. *multiflora* f. *alba* (F. Z. Li) Tsui

别　　名： 狭叶米口袋

识别要点： 多年生草本植物。主根圆锥状，分茎极缩短，叶及总花梗于分茎上丛生。早生叶被长柔毛，后生叶毛稀疏，甚几至无毛；叶柄具沟。总花梗具沟，被长柔毛；花白色；子房椭圆状，密被贴伏长柔毛，花柱无毛，内卷，顶端膨大成圆形柱头。荚果圆筒状，被长柔毛；种子三角状肾形，具凹点。

主要用途： 全草供药用。

长萼鸡眼草 *Kummerowia stipulacea* (Maxim.) Makino

豆科

鸡眼草属

别　　名： 圆叶鸡眼草、野苜蓿草、掐不齐

识别要点： 茎和枝上被疏生向上的白毛。叶为三出羽状复叶；小叶先端微凹或近截形，基部楔形。花梗有毛；花萼膜质，阔钟形，5裂，裂片宽卵形，有缘毛；花冠上部暗紫色，旗瓣椭圆形，较龙骨瓣短，翼瓣狭披针形，与旗瓣近等长，龙骨瓣钝，上面有暗紫色斑点；雄蕊二体（9+1）。荚果椭圆形或卵形，常较萼长1.5~3倍。

主要用途： 全草供药用，亦可作饲料及绿肥。

郑州树木园植物图谱（草本卷）——豆科

扁豆属

扁豆 *Lablab purpureus* (L.) Sweet

别　　名： 火镰扁豆、藤豆、沿篱豆、鹊豆

识别要点： 多年生、缠绕藤本植物。羽状复叶具 3 片小叶；托叶基着，披针形。总状花序腋生，花序轴上有肿胀的节；花冠白色或紫色，旗瓣圆形，基部两侧具 2 个长而直立的小附属体，附属体下有 2 耳，翼瓣宽倒卵形，具截平的耳，龙骨瓣呈直角弯曲，基部渐狭成瓣柄；花柱比子房长，弯曲不逾 90°；荚果长圆状镰形。

主要用途： 嫩荚可作蔬食。

豆科

苜蓿属

天蓝苜蓿 *Medicago lupulina* L.

别　　名： 天蓝

识别要点： 全株被柔毛或有腺毛。羽状三出复叶，下部叶柄较长，上部叶柄比小叶短；小叶纸质，先端多少截平或微凹，具细尖，两面均被毛。头状花序具花 10~20 朵；总花梗细，挺直，密被贴伏柔毛；花梗短；萼钟形，密被毛；花冠黄色，旗瓣近圆形，顶端微凹，翼瓣和龙骨瓣近等长；子房被毛，花柱弯曲，胚珠 1 粒。种子卵形，褐色，平滑。

主要用途： 为优质牧草。

郑州树木园植物图谱（草本卷）——豆科

小苜蓿 *Medicago minima* (L.) Grufb.

别　　名：三叶草

识别要点：茎铺散，平卧并上升，基部多分枝。羽状三出复叶；小叶具细尖，边缘 1/3 以上具锯齿，两面均被毛。花序头状，具花 3~6（8）朵，疏松；总花梗细，挺直，腋生，通常比叶长；苞片细小，刺毛状；花梗甚短或无梗；萼钟形，密被柔毛；花冠淡黄色，旗瓣阔卵形，显著比翼瓣和龙骨瓣长。荚果边缝具 3 条棱，被长棘刺。

主要用途：可作地被植物，也可作牧草。

苜蓿属

苜蓿 *Medicago sativa* L.

苜蓿属

别　　名：紫苜蓿

识别要点：多年生草本植物。羽状三出复叶；托叶大，卵状披针形，先端锐
尖，基部全缘或具 1~2 个齿裂，脉纹清晰；叶柄比小叶短。花序
总状或头状，具花 5~30 朵；总花梗挺直，比叶长；花冠各色，
花瓣均具长瓣柄，旗瓣长圆形，先端微凹，明显较翼瓣和龙骨瓣
长。荚果旋转 2~4（6）圈，中央无孔或近无孔。

主要用途：栽培供观赏；可作牧草。

印度草木樨 *Melilotus indicus* (L.) Allioni

草木樨属

别　　名： 小花草木樨

识别要点： 一年生草本植物。茎直立，作"之"字形曲折，自基部分枝。羽状三出复叶；小叶边缘在 2/3 处以上具细锯齿。总状花序细，总梗较长，被柔毛，具花 15~25 朵；苞片刺毛状；花小；萼杯状，脉纹 5 条，明显隆起；花冠黄色，旗瓣阔卵形，与翼瓣、龙骨瓣近等长。荚果球形，表面具网状脉纹，橄榄绿色，熟后红褐色；有种子 1 粒。

主要用途： 可作保土植物，也可作牧草。

草木樨 *Melilotus officinalis* (L.) Pall.

草木樨属

别　　名： 黄香草木樨、辟汗草、黄花草木樨

识别要点： 羽状三出复叶；托叶镰状线形，中央有 1 条脉纹；小叶边缘具不整齐疏浅齿。总状花序腋生，具花 30~70 朵，初时稠密，花开后渐疏松；苞片刺毛状；花长 3.5~7 毫米；花梗与苞片等长或稍长；萼钟形，脉纹 5 条，萼齿三角状披针形；花冠黄色，旗瓣倒卵形，与翼瓣近等长，龙骨瓣稍短或三者均近等长。荚果卵形，先端钝圆。

主要用途： 可作牧草。

二色棘豆 *Oxytropis bicolor* Bunge

棘豆属

别　　名：地丁、猫爪花、鸡咀咀

识别要点：植株各部密被开展白色绢状长柔毛，淡灰色。轮生羽状复叶，小
叶边缘常反卷。花葶与叶等长或稍长，被开展长硬毛；苞片披针
形，先端尖，疏被白色柔毛；花长约20毫米；花冠紫红色、蓝紫色，
旗瓣菱状卵形，先端圆，或略微凹，中部黄色，干后有黄绿色斑，
翼瓣长圆形，先端斜宽，微凹；花柱下部有毛，上部无毛。

主要用途：可作饲料。

决明 *Senna tora* (L.) Roxburgh

别　　名： 草决明、假花生、假绿豆、马蹄决明

识别要点： 一年生亚灌木状草本植物。叶柄上无腺体；叶轴上每对小叶间有棒状的腺体 1 个；小叶 3 对，顶端圆钝而有小尖头，基部渐狭。花腋生，通常 2 朵聚生；萼片稍不等大，膜质，外面被柔毛；花瓣黄色，下面二片略长；能育雄蕊 7 枚。荚果纤细，近四棱形，较长。

主要用途： 种子叫决明子，有清肝明目、利水通便之功效，还可提取蓝色染料；苗叶和嫩果可食。

白车轴草 *Trifolium repens* L.

车轴草属

别　　名： 荷兰翘摇、白三叶、三叶草

识别要点： 茎匍匐蔓生，节上生根，全株无毛。掌状三出复叶。总花梗比叶柄长近 1 倍；萼钟形，具脉纹 10 条，萼齿 5 个，短于萼筒，萼喉部无毛；花冠多色，具香气；旗瓣椭圆形，比翼瓣和龙骨瓣长近 1 倍，龙骨瓣比翼瓣稍短；子房线状长圆形，花柱比子房略长。荚果长圆形。

主要用途： 为优良牧草；可作绿肥、堤岸防护草种、草坪装饰等；为蜜源植物和药材。

大花野豌豆 *Vicia bungei* Ohwi

野豌豆属

别　　名： 毛苕子、老豆蔓、三齿草藤、山豌豆、山鳖豆

识别要点： 小叶 3~5 对，长圆形或狭倒卵长圆形；托叶小，下面无腺点。总状花序长于叶或与叶轴近等长；具花 2~4（5）朵，着生于花序轴顶端；花冠红紫色或金蓝紫色，旗瓣倒卵状披针形，先端微缺，翼瓣短于旗瓣，长于龙骨瓣；子房柄细长，沿腹缝线被金色绢毛，花柱上部被长柔毛。荚果扁长圆形。

主要用途： 为优质牧草；可作绿肥；全草可入药。

小巢菜 *Vicia hirsuta* (L.) S. F. Gray

别　　名：苕、薇、翘摇、雀野豆

识别要点：一年生草本植物。攀缘或蔓生。茎细柔有棱。偶数羽状复叶末端卷须分支；托叶线形，基部有 2~3 个裂齿；小叶 4~8 对，先端平截，具短尖头，无毛。总状花序明显短于叶；花 2~4（7）朵密集于花序轴顶端，花长 0.3~0.5 厘米；旗瓣先端平截或微凹，翼瓣近勺形，与旗瓣近等长；子房无柄，密被褐色长硬毛。种子 2 粒，扁圆形，两面凸出。

主要用途：可作绿肥及饲料；全草可入药。

救荒野豌豆 *Vicia sativa* L.

野豌豆属

别　　名：马豆、野毛豆、雀雀豆、山扁豆

识别要点：偶数羽状复叶，叶轴顶端卷须有 2~3 个分支；小叶 2~7 对，长椭圆形或近心形；托叶戟形，通常 2~4 个裂齿。花 1~2（4）朵腋生，近无梗；花冠紫红色或红色，旗瓣长倒卵圆形，先端圆，微凹，中部两侧缢缩，翼瓣短于旗瓣，长于龙骨瓣；子房线形，微被柔毛，胚珠 4~8 粒，子房具短柄，花柱上部被淡黄白色髯毛。荚果线状长圆形。

主要用途：可作绿肥及优良牧草；全草供药用。

远志 *Polygala tenuifolia* Willd.

别　　名： 神砂草、小草根、线儿茶、细草、棘莞

识别要点： 多年生草本植物。叶线形至线状披针形，长 1~3 厘米，宽 0.5~1（3）毫米。总状花序呈扁侧状生于小枝顶端，通常略俯垂；萼片 5 片，宿存；花瓣 3 片，紫色，基部与龙骨瓣合生，龙骨瓣较侧瓣长，具流苏状附属物；雄蕊 8 枚，花丝 3/4 以下合生成鞘，具缘毛，花药无柄，花丝丝状，具狭翅；花柱弯曲，柱头内藏。蒴果圆形，具狭翅。

主要用途： 根皮可入药。

蛇莓 *Duchesnea indica* (Andr.) Focke

蛇莓属

别　　名： 三爪风、龙吐珠、蛇泡草

识别要点： 小叶片倒卵形至菱状长圆形，长 2~3.5（5）厘米，先端圆钝，具
小叶柄。花单生于叶腋；花梗长 3~6 厘米，有柔毛；萼片卵形，
先端锐尖，外面有散生柔毛；副萼片倒卵形，比萼片长，先端常
具 3~5 个锯齿；花瓣黄色；雄蕊 20~30 枚；心皮多数，离生；
花托在果期膨大，鲜红色，有光泽。瘦果光滑或具不明显突起，
鲜时有光泽。

主要用途： 全草供药用。

委陵菜属

委陵菜 *Potentilla chinensis* Ser.

别　　名： 天青地白、五虎噙血、扑地虎、生血丹、一白草

识别要点： 多年生草本植物。基生叶为羽状复叶，有小叶 5~15 对，沿脉被白色绢状长柔毛；茎生叶托叶通常呈齿牙状分裂。花柱圆锥状，下粗上细；花茎被白色绢状长柔毛；萼片花后不增大，副萼片约等长于萼片。花瓣黄色，宽倒卵形，比萼片稍长；花柱近顶生，基部微扩大，稍有乳头或不明显，柱头扩大。瘦果卵球形，深褐色，有明显皱纹。

主要用途： 根可提取栲胶；全草可入药；嫩苗可食并可作猪饲料。

委陵菜属

匍枝委陵菜 *Potentilla flagellaris* Willd. ex Schlecht.

别　　名：蔓萎陵菜、鸡儿头苗

识别要点：多年生匍匐草本植物。根细而簇生。基生叶掌状 5 出复叶，小叶
　　　　　无柄；小叶片披针形或长椭圆形，边缘有 3~6 个缺刻状急尖锯齿，
　　　　　下部两个小叶有时 2 裂，两面绿色；匍匐枝上叶与基生叶相似。
　　　　　单花与叶对生，花梗长 1.5~4 厘米，被短柔毛；花直径 1~1.5 厘米；
　　　　　萼片顶端急尖，外面被短柔毛及疏柔毛；花瓣黄色，顶端微凹或
　　　　　圆钝。

主要用途：嫩苗可食，也可作饲料。

多茎委陵菜 *Potentilla multicaulis* Bge.

别　　名： 猫爪子

识别要点： 多年生草本植物。花茎多而密集丛生。基生叶为羽状复叶，连叶柄长 3~10 厘米，叶柄暗红色，被白色长柔毛，小叶片无柄，上部小叶比下部小叶大；基生叶托叶膜质，棕褐色，外面被白色长柔毛；茎生叶托叶草质，绿色。聚伞花序多花；花直径 0.8~1 厘米；花瓣黄色，倒卵形或近圆形，顶端微凹；花柱近顶生，圆柱形，基部膨大。

主要用途： 为优质牧草；全草可入药。

朝天委陵菜 *Potentilla supina* L.

委陵菜属

别　　名： 鸡毛菜、铺地委陵菜、仰卧委陵菜

识别要点： 基生叶羽状复叶，有小叶 2~5 对，被稀疏柔毛或脱落几无毛。
花茎上多叶，下部花自叶腋生，顶端呈伞房状聚伞花序；花梗长
0.8~1.5 厘米，常密被短柔毛；花直径 0.6~0.8 厘米；萼片三角卵
形，副萼片长椭圆形或椭圆披针形，比萼片稍长或近等长；花瓣
倒卵形，与萼片近等长或较短；花柱近顶生，基部乳头状膨大，
花柱扩大。

主要用途： 根可提取栲胶；全草可入药；嫩苗可食并可作猪饲料。

葎草 *Humulus scandens* (Lour.) Merr.

别　　名： 勒草、拉拉秧、割人藤

识别要点： 缠绕草本植物。茎、枝、叶柄均具倒钩刺。叶纸质，肾状五角形，掌状 5~7 个深裂，稀为 3 裂。雄花小，黄绿色，圆锥花序，长 15~25 厘米；雌花序球果状；苞片纸质，三角形，顶端渐尖，具白色绒毛；子房被苞片包围，柱头 2 枚，伸出苞片外。瘦果成熟时露出苞片外。

主要用途： 全草供药用；茎皮纤维可作造纸原料；种子油可制肥皂；果穗可代啤酒花用。

野线麻 Boehmeria japonica (L. f.) Miquel

别　　名： 山麻、大蛮婆草、火麻风

识别要点： 亚灌木或多年生草本植物。叶对生，叶片纸质，边缘在基部之上有牙齿，上面有短糙伏毛，下面沿脉网有短柔毛。穗状花序单生叶腋，雌雄异株。雄花：花被片 4 片，椭圆形，基部合生，外面被短糙伏毛；雄蕊 4 枚；退化雌蕊椭圆形。雌花：花被倒卵状纺锤形，顶端有 2 个小齿，上部密被糙毛，果期呈菱状倒卵形；柱头长 1.2~1.5 毫米。

主要用途： 茎皮纤维可代麻，供纺织麻布用；叶供药用，又可作猪饲料。

南瓜 *Cucurbita moschata* (Duch. ex Lam.) Duch. ex Poiret

南瓜属

别　　名： 倭瓜、番瓜、饭瓜、番南瓜、北瓜

识别要点： 一年生蔓生草本植物。茎常节部生根，密被白色短刚毛。叶片宽
卵形或卵圆形，有 5 个角或 5 个浅裂，常有白斑。雌雄同株；雄
花单生，花萼筒钟形，被柔毛，上部扩大成叶状；花冠黄色，钟
状，5 个中裂，裂片边缘反卷，具皱褶；雄蕊 3 枚，花丝腺体状，
花药靠合，药室折曲。果梗粗壮，瓜蒂扩大呈喇叭状。种子多数，
灰白色，边缘薄。

主要用途： 果实作肴馔，亦可代粮食；全株可药用。

西葫芦 *Cucurbita pepo* L.

别　　名： 荨瓜、熏瓜、角瓜

识别要点： 一年生蔓生草本植物。茎有棱沟，有短刚毛和半透明的糙毛。叶
片三角形或卵状三角形，粗糙。雌雄同株；雄花单生；花梗粗壮，
有棱角，被黄褐色短刚毛；花萼筒有明显 5 个角；花冠黄色，常
向基部渐狭呈钟状，分裂至近中部；雄蕊 3 枚；雌花单生，子房
卵形，1 室。果梗有明显的棱沟。种子边缘拱起而钝。

主要用途： 果实作蔬菜。

葫芦 *Lagenaria siceraria* (Molina) Standl.

别　　名：瓠、瓠瓜、大葫芦、小葫芦

识别要点：攀缘草本植物。植株被粘毛。叶片卵状心形或肾状卵形；叶柄顶端具一对腺体。卷须二歧。雌雄同株，雌、雄花均单生；雄花花梗细，花梗、花萼、花冠均被微柔毛；花萼筒漏斗状；雌花子房中间细，密生黏质长柔毛。果形变异很大，因不同品种或变种而异。

主要用途：幼嫩时可供菜食，成熟后外壳木质化，中空，可作各种容器；可药用。

葫芦科

丝瓜属

丝瓜 *Luffa aegyptiaca* Miller

别　　名：水瓜

识别要点：一年生攀缘藤本植物。茎、枝粗糙，有棱沟。卷须稍粗壮，通常2~4个歧。叶片三角形或近圆形，通常掌状5~7个裂，边缘有锯齿。雌雄同株。雄花：通常15~20朵花，生于总状花序上部；花冠黄色，辐状；雄蕊通常5枚，稀3枚。雌花：单生；子房有柔毛，柱头3枚，膨大。果实圆柱状，通常有深色纵条纹，未熟时肉质，成熟后干燥。

主要用途：果为夏季蔬菜，也可药用。

赤瓟 *Thladiantha dubia* Bunge

别　　名： 气包、赤包、山屎瓜

识别要点： 攀缘草质藤本植物。全株被黄白色的长柔毛状硬毛。叶片宽卵状心形，不分裂。卷须不分叉。雌雄异株；雄花单生或聚生于短枝的上端呈假总状花序；花梗细长，被柔软的长柔毛；裂片披针形，向外反折，具 3 条脉；雌花单生；退化雄蕊 5 枚，棒状；子房长圆形，外面密被淡黄色长柔毛，花柱无毛，柱头膨大，2 裂。果实具 10 条明显的纵纹。

主要用途： 果实和根可入药。

葫芦科

马㼂儿属

马㼂儿 *Zehneria japonica* (Thunberg) H. Y. Liu

别　　名： 老鼠拉冬瓜、马交儿

识别要点： 叶片膜质，三角状卵形、卵状心形或戟形，不分裂或 3~5 个浅裂。雌雄同株；雄花单生或稀 2~3 朵生于短的总状花序上；花序梗纤细，无毛；花梗丝状；雄蕊 3 枚，2 枚 2 室，1 枚 1 室；雌花在与雄花同一叶腋内单生或稀双生；花梗丝状，无毛；子房狭卵形，有疣状突起，花柱短，柱头 3 裂。果实具长果梗。种子基部稍变狭，边缘不明显。

主要用途： 全草供药用。

四季秋海棠 *Begonia cucullata* Willd.

别　　名： 四季海棠、玻璃翠

识别要点： 多年生常绿草本植物。茎直立，稍肉质。单叶互生，有光泽，卵圆至广卵圆形，先端急尖或钝，基部稍心形而斜生，边缘有小齿和缘毛，绿色。聚伞花序腋生，具数花；花红色、淡红色或白色；花被片 2~4 片，2 片对生或 4 片交互对生，通常外轮大，内轮小，雄蕊多数，花丝离生或仅基部合生，稀合成单体，花药 2 室，纵裂。蒴果具翅。

主要用途： 栽培供观赏。

酢浆草科

酢浆草属

关节酢浆草 *Oxalis articulata* Savigny

别　　名：粉花酢浆草

识别要点：多年生草本植物。地下具块茎。叶基生，掌状复叶，3 片小叶复生，叶柄较长，小叶心形，顶端凹，基部楔形，绿色，全缘，被短绒毛。伞形花序，花萼 5 片，绿色，花瓣 5 片，粉红色，下部有深粉色条纹，下部粉紫色。蒴果果瓣宿存于中轴上。种子具 2 瓣状的假种皮，种皮光滑。

主要用途：栽培供观赏；全草供药用。

郑州树木园植物图谱（草本卷）——酢浆草科

酢浆草 *Oxalis corniculata* L.

别　　名：酸三叶、酸醋酱、鸠酸、酸味草

识别要点：全株被柔毛。根茎稍肥厚；匍匐茎节上生根。小叶 3 片，表面无紫色斑点。花单生或数朵集为伞形花序状，腋生，总花梗淡红色，与叶近等长；花梗长 4~15 毫米，果后延伸；萼片 5 片，背面和边缘被柔毛，宿存；花瓣 5 片，黄色；雄蕊 10 枚，花丝白色半透明，有时被疏短柔毛，基部合生；子房长圆形，5 室，被短伏毛，花柱 5 枚，柱头头状。

主要用途：全草供药用。

酢浆草科

酢浆草属

酢浆草科

酢浆草属

红花酢浆草 *Oxalis corymbosa* DC.

别　　名：多花酢浆草、紫花酢浆草、南天七、铜锤草、大酸味草

识别要点：多年生直立草本植物。无地上茎，有球状鳞茎。小叶 3 片，长 1~4 厘米，宽 1.5~6 厘米。总花梗基生，二歧聚伞花序，通常排列成伞形花序式；花梗、苞片、萼片均被毛；萼片 5 片，先端有暗红色长圆形的小腺体 2 个；花瓣 5 片，倒心形，淡紫色至紫红色，基部颜色较深；雄蕊 10 枚，长的 5 枚超出花柱，另 5 枚长至子房中部；花柱 5 枚。

主要用途：栽培供观赏；全草供药用。

堇菜科

堇菜属

别　　名： 宽叶白花堇菜

识别要点： 叶三角形或长圆形，边缘具钝圆齿；叶柄无翅；托叶中部以上与叶柄合生。花白色；花梗不超出或稍超出叶，在中部或中部以上有 2 片线形小苞片；萼片基部附属物短而明显，末端截形，具 3 条脉；花瓣倒卵形，下方花瓣较宽，先端无微缺，末端具明显的筒状距；子房无毛，花柱棍棒状，基部细，稍向前膝曲。

主要用途： 全草供药用。

董菜科

董菜属

紫花地丁 *Viola philippica Cav.*

别　　名： 野董菜、光瓣董菜

识别要点： 多年生草本植物。无地上茎。下部叶较小，呈三角状卵形或狭卵形，上部叶较长，呈长圆形、狭卵状披针形或长圆状卵形；叶柄在花期通常长于叶片1~2倍；托叶2/3~4/5与叶柄合生。下方花瓣有距，里面有紫色脉纹；花柱比基部稍膝曲，柱头三角形，顶部略平，前方具短喙。蒴果长圆形，无毛。种子卵球形，淡黄色。

主要用途： 可作早春观赏花卉。全草供药用；嫩叶可作野菜。

堇菜科

堇菜属

别　　名： 泰山堇菜、毛花早开堇菜

识别要点： 多年生草本植物。无地上茎。果期叶片增大，三角状卵形，基部通常宽心形；叶柄上部有狭翅；托叶 2/3 与叶柄合生。花大，喉部色淡并有紫色条纹，无香味；花梗具棱，在近中部处有 2 片线形小苞片；萼片具白色狭膜质边缘，基部有附属物；上方花瓣向上方反曲，下方花瓣连距长 14~21 毫米；花柱棍棒状，基部明显膝曲。

主要用途： 可作观赏植物；全草供药用。

细距堇菜 *Viola tenuicornis* W. Beck.

别　　名：弱距堇菜

识别要点：叶均基生，卵形或卵状心形，两面均为绿色，边缘具浅圆齿；托叶 2/3 与叶柄合生。花紫堇色；萼片通常呈绿色或带紫红色，边缘狭膜质，具 3 条脉，基部附属物短；花瓣倒卵形，上方花瓣长 10~12 毫米，侧方花瓣长 8~10 毫米，下方花瓣连距长 15~17（20）毫米；花药长约 1.5 毫米，下方 2 个雄蕊背部之距长而细。

主要用途：全草供药用。

三色堇 *Viola tricolor* L.

别　　名： 猴面花、鬼脸花、猫儿脸

识别要点： 地上茎较粗，有棱。托叶叶状，羽状深裂。花大小及颜色多变，通常为杂色；花梗稍粗，单生叶腋，上部具 2 片对生的小苞片；萼片绿色，长圆状披针形，先端尖，边缘狭膜质，基部附属物发达，边缘不整齐；上方花瓣深紫堇色，侧方及下方花瓣均为三色，有紫色条纹；子房无毛，花柱短，柱头膨大，前方具较大的柱头孔。

主要用途： 栽培供观赏。

铁苋菜 *Acalypha australis* L.

别　　名：蛤蜊花、海蚌含珠、蚌壳草

识别要点：一年生草本植物。叶膜质，长卵形、近菱状卵形或阔披针形，顶端短渐尖，边缘具圆锯，上面无毛，下面沿中脉具柔毛；基出脉 3 条，侧脉 3 对；叶柄具短柔毛；托叶披针形，具短柔毛。雌雄花同序，花序腋生，稀顶生，长 1.5~5 厘米；雌花苞片 1~2（4）片，卵状心形，花后增大，长 1.4~2.5 厘米，宽 1~2 厘米，边缘具三角形齿。

主要用途：全草或地上部分可入药；嫩叶可食。

猩猩草 *Euphorbia cyathophora* Murr.

别　　名：草一品红、叶上花

识别要点：叶互生，无毛，有柄；总苞叶与茎生叶同形，较小，淡红色或仅基部红色。花序单生，总苞钟状，绿色，边缘 5 裂，裂片常呈齿状分裂；腺体扁杯状，黄色；雄花常伸出总苞之外；雌花 1 朵，子房柄明显伸出总苞外；子房三棱状球形，光滑无毛；花柱 3 枚，分离。蒴果三棱状球形，成熟时分裂为 3 个分果瓣。种子具不规则的小突起。

主要用途：栽培供观赏。

乳浆大戟 *Euphorbia esula* L.

别　　名： 猫眼草、烂疤眼

识别要点： 多年生草本植物。根圆柱状，细长，末端无膨大。叶互生，基部
　　　　　　对称，无托叶及叶柄；不育枝叶常为松针状。花序单生于二歧分
　　　　　　枝的顶端，无柄；总苞叶 3~5 片；腺体 4 个，新月形，两端具角，
　　　　　　无花瓣状附属物；雄花多朵，苞片宽线形，无毛；雌花 1 朵，子
　　　　　　房柄明显伸出总苞之外；子房光滑无毛；柱头 2 裂。蒴果三棱状
　　　　　　球形；种子具种阜。

主要用途： 种子含油，可用于工业；全草可入药。

地锦草 *Euphorbia humifusa* Willd.

别　　名：千根草、血见愁草、草血竭、奶汁草、红丝草

识别要点：一年生草本植物。茎匍匐，自基部以上多分枝。叶小，对生，先端钝圆，基部偏斜，边缘常于中部以上具细锯齿。花序单生于叶腋，基部具 1~3 毫米的短柄；总苞陀螺状，裂片三角形；腺体 4 个，边缘具白色或淡红色附属物。雄花数朵，近与总苞边缘等长；雌花 1 朵，子房柄伸出至总苞边缘；子房三棱状卵形，光滑无毛。种子无种阜。

主要用途：全草可入药。

甘遂 *Euphorbia kansui* T. N. Liou ex S. B. Ho

别　　名： 漂甘遂、猫儿眼

识别要点： 根圆柱状，细长，末端呈念珠状膨大。叶互生，宽4~5毫米；总苞叶3~6片。花序单生于二歧分枝顶端，基部具短柄；总苞杯状；边缘4裂，裂片半圆形，边缘及内侧具白色柔毛；腺体4个，新月形，两角不明显，暗黄色至浅褐色；雄花多数，明显伸出总苞外；雌花1朵，子房柄长3~6毫米；花柱3枚，2/3以下合生。蒴果开裂。

主要用途： 全株有毒，根可入药。

斑地锦草 *Euphorbia maculata* L.

大戟属

别　　名：斑地锦

识别要点：一年生草本植物。茎匍匐，被白色疏柔毛。叶对生，长椭圆形至肾状长圆形，先端钝，基部不对称，中部以上常具细小疏锯齿；叶面绿色，中部常具有一个长圆形的紫色斑点。花序单生于叶腋，基部具 1~2 毫米短柄；腺体 4 个，黄绿色，边缘具白色附属物；雄花 4~5 朵，微伸出总苞外；雌花 1 朵，子房柄伸出总苞外，且被柔毛。种子无种阜。

主要用途：全草可入药。

地构叶 *Speranskia tuberculata* (Bunge) Baill.

大戟科

地构叶属

别　　名：珍珠透骨草、瘤果地构叶

识别要点：茎直立，分枝较多。叶纸质，顶端渐尖，稀急尖，尖头钝；叶柄长不及 5 毫米或近无柄。总状花序长 6~15 厘米；雄花 2~4 朵生于苞腋；雄蕊 8~12（15）枚，花丝被毛；雌花 1~2 朵生于苞腋，花梗果时长达 5 毫米，常下弯；花萼裂片顶端渐尖，疏被长柔毛，花瓣与雄花相似，具脉纹。蒴果扁球形，被柔毛和具瘤状突起。

主要用途：全草可入药。

郑州树木园植物图谱（草本卷）——大戟科

/ 127

亚麻科

亚麻属

亚麻 *Linum usitatissimum* L.

别　　名： 山西胡麻、壁虱胡麻、鸦麻

识别要点： 一年生草本植物。茎直立，多在上部分枝，基部木质化，无毛，韧皮部纤维强韧弹性。叶互生，叶片线形，无柄。花单生于枝顶或枝的上部叶腋；萼片5片，边缘无腺毛；花瓣5片，倒卵形，先端啮蚀状；雄蕊5枚，花丝基部合生；退化雄蕊5枚；花柱5枚，分离。

主要用途： 栽培供观赏。韧皮部纤维构造如棉，为优良纺织原料；全草及种子可入药；种子榨亚麻仁油，可用作印刷墨、润滑剂或药用。

牻牛儿苗 *Erodium stephanianum* Willd.

牻牛儿苗科

牻牛儿苗属

别　　名： 太阳花

识别要点： 多年生草本植物。直根，较粗壮，少分枝。茎多数，具节，被柔
毛。叶对生，基生叶和茎下部叶具长柄，二回羽状深裂，背面被
疏柔毛，沿脉被毛较密。萼片矩圆状卵形，先端具长芒，被长糙
毛；雄蕊稍长于萼片，花丝紫色，中部以下扩展，被柔毛；雌蕊
被糙毛，花柱紫红色。蒴果长约4厘米，密被短糙毛。种子褐色，
具斑点。

主要用途： 全草供药用。

野老鹳草 *Geranium carolinianum* L.

别　　名： 短嘴老鹳草

识别要点： 一年生草本植物。茎具棱角，密被倒向短柔毛。基生叶早枯，茎生叶互生或最上部对生；茎下部叶具长柄；叶片圆肾形，基部心形，掌状 5~7 个裂近基部，下部楔形、全缘，上部羽状深裂。花序呈伞形状；苞片钻状，被短柔毛；花瓣淡紫红色，稍长于萼，雄蕊稍短于萼片，中部以下被长糙柔毛；雌蕊稍长于雄蕊，密被糙柔毛。

主要用途： 全草供药用。

细叶萼距花 *Cuphea hyssopifolia* Kunth

别　　名： 紫花满天星、细叶雪茄花

识别要点： 常绿矮灌木，分枝多而铺散；全株粗糙，被粗毛及短小硬毛。花单
生于叶腋；花梗纤细；花萼基部一侧膨大成距状，密被黏质的柔毛
或绒毛；花瓣 6 片，其中上方 2 片特大而显著，矩圆形，深紫色，
波状，具爪，其余 4 片极小，锥形，有时消失；雄蕊 11 枚，有时
12 枚，其中 5~6 枚较长，突出萼筒之外，花丝被绒毛；子房矩圆形。

主要用途： 栽培供观赏。

小花山桃草 *Gaura parviflora* Dougl.

别　　名： 绒毛山桃草、绒叶山桃草、绒毛草、蜥蜴尾
识别要点： 全株尤茎上部、花序、叶、苞片、萼片密被伸展灰白色长毛与腺
毛。茎直立，不分枝。花序穗状，生于茎枝顶端，常下垂；苞片
线形。花傍晚开放；花管带红色；萼片绿色，线状披针形，花期
反折；花瓣白色，以后变红色；花丝基部具鳞片状附属物，花药
黄色；花柱长 3~6 毫米，伸出花管；柱头围以花药，具深 4 裂。
主要用途： 可作地被植物。

山桃草 *Oenothera lindheimeri* (Engelm. & A. Gray) W. L. Wagner & Hoch

别　　名： 白蝶花、白桃花、紫叶千鸟花

识别要点： 多年生草本植物。常丛生。叶无柄，椭圆状披针形或倒披针形，两面被近贴生的长柔毛。花近拂晓开放；花管长 4~9 毫米，内面上半部有毛；萼片被伸展的长柔毛，花开放时反折；花瓣白色，后变粉红色，排向一侧；花丝长 8~12 毫米；花药带红色，长 3.5~4 毫米；花柱长 20~23 毫米，近基部有毛；柱头深 4 裂，伸出花药之上。

主要用途： 栽培供观赏。

苘麻 *Abutilon theophrasti* Medicus

别　　名： 车轮草、磨盘草、桐麻、青麻、孔麻

识别要点： 茎枝被柔毛。花单生于叶腋，花梗长 1~13 厘米，被柔毛，近顶端具节；花萼杯状，密被短绒毛，裂片 5 片，卵形；花黄色，长约 1 厘米；花瓣倒卵形；心皮 15~20 枚，顶端平截，具扩展、被毛的长芒 2 条，排列成轮状，密被软毛。分果爿 15~20 个；先端具长芒 2 条。

主要用途： 茎皮纤维可编织麻袋、搓绳索、编麻鞋等；种子含油，可供制皂、油漆和工业用润滑油；种子作药用称"冬葵子"，全草也作药用。

锦葵科

蜀葵属

蜀葵 *Alcea rosea* L.

别　　名：栽秧花、棋盘花、麻秆花、一丈红

识别要点：二年生直立草本植物。叶近圆心形，掌状 5~7 个浅裂或波状棱角，裂片三角形或圆形。花腋生，排列成总状花序式，具叶状苞片；花梗长约 5 毫米，果时延长，被星状长硬毛；小苞片杯状，密被星状粗硬毛，基部合生；萼钟状，5 齿裂，裂片卵状三角形，密被星状粗硬毛；花大，直径 6~10 厘米，先端凹缺；花柱分枝多数。

主要用途：栽培供观赏。全草可入药；茎皮含纤维，可代麻用。

野西瓜苗 *Hibiscus trionum* L.

别　　名： 小秋葵、灯笼花、香铃草

识别要点： 一年生直立或平卧草本植物，全株被毛。茎柔软，被白色星状粗毛。叶二型，下部的叶圆形，不分裂，上部的叶掌状 3~5 个深裂。花单生于叶腋；花梗果时延长；小苞片 12 片，基部合生；花萼淡绿色，裂片 5 片，具纵向紫色条纹，中部以上合生；花淡黄色，内面基部紫色，花瓣 5 片，外面疏被极细柔毛；花柱分 5 枝。蒴果果爿 5 个，黑色。

主要用途： 全草、果实和种子可作药用。

锦葵 *Malva cathayensis* M. G. Gilbert, Y. Tang & Dorr

别　　名： 小白淑气花、金钱紫花葵、钱葵、荆葵

识别要点： 叶圆心形或肾形，具 5~7 片圆齿状钝裂片。花 3~11 朵簇生；花
梗长 1~2 厘米；小苞片 3 片，长圆形，先端圆形，疏被柔毛；花
紫红色或白色，直径 3.5~4 厘米，花瓣 5 片，匙形，长 2 厘米，
先端微缺，爪具髯毛；雄蕊柱长 8~10 毫米，被刺毛，花丝无毛；
花柱分 9~11 枝，被微细毛。果爿背面网状，微被柔毛。

主要用途： 可作园林观赏植物。花白色的可入药。

黄花稔 *Sida acuta* Burm. F.

别　名： 扫把麻

识别要点： 直立亚灌木状草本植物。分枝多，小枝被柔毛至近无毛。叶披针形，先端短尖或渐尖，基部圆或钝，具锯齿；托叶线形，与叶柄近等长，常宿存。花单朵或成对生于叶腋；花梗长 4~12 毫米，被柔毛，中部具节；萼浅杯状，无毛；花黄色，直径 8~10 毫米，花瓣倒卵形，先端圆，基部狭，被纤毛。分果片通常为 5~6 个，顶端具 2 条短芒。

主要用途： 茎皮纤维可用于制绳索；根、叶供药用。

芸薹 *Brassica rapa var. oleifera de Candolle*

别　　名: 油菜、芸苔

识别要点: 茎稍带粉霜。基生叶大头羽裂，顶裂片圆形或卵形，边缘有不整
齐弯缺牙齿;叶柄宽，基部抱茎;下部茎生叶羽状半裂，抱茎，
两面有硬毛及缘毛;上部茎生叶长圆状倒卵形、长圆形或披针形，
抱茎，两侧有垂耳。总状花序在花期呈伞房状，以后伸长。长角
果线形，果瓣有中脉及网纹，萼直立。种子球形，紫褐色。

主要用途: 为油料植物。嫩茎叶和总花梗作蔬菜;种子药用;叶可外敷痈肿。

荠 *Capsella bursa-pastoris* (L.) Medic.

别　名：地米菜、芥、荠菜
识别要点：基生叶丛生呈莲座状，大头羽状分裂；茎生叶窄披针形或披针形。总状花序顶生及腋生，果期延长达 20 厘米；花梗长 3~8 毫米；萼片长圆形，长 1.5~2 毫米；花瓣白色，卵形，长 2~3 毫米，有短爪。短角果倒三角形或倒心状三角形，扁平，无毛，顶端微凹，裂瓣具网脉。种子 2 行，长椭圆形。
主要用途：全草可入药；茎叶作蔬菜食用；种子含油，供制油漆及肥皂等。

弯曲碎米荠 *Cardamine flexuosa* With.

十字花科

碎米荠属

别　　名：高山碎米荠、柔弯曲碎米荠、峨眉碎米荠

识别要点：一年或二年生草本植物。茎较曲折。基生叶的顶生小叶菱状卵形，
3个齿裂，其余小叶几全为卵形、长卵形或线形。总状花序多数，
生于枝顶；花梗纤细，长2~4毫米；萼片长椭圆形，长约2.5毫米，
边缘膜质；花瓣白色，倒卵状楔形，长约3.5毫米；花丝不扩大；
雌蕊柱状，花柱极短，柱头扁球状。果序轴曲折，角果与果梗均
开展。

主要用途：全草可入药。

郑州树木园植物图谱（草本卷）——十字花科

播娘蒿 *Descurainia sophia* (L.) Webb ex Prantl

别　　名： 大蒜芥、米米蒿、麦蒿

识别要点： 植株无腺毛。叶为 3 个回羽状深裂，末端裂片条形或长圆形，下部叶具柄，上部叶无柄。花序伞房状，果期伸长；萼片直立，早落，长圆条形，背面有分叉细柔毛；花瓣黄色，长圆状倒卵形，长 2~2.5 毫米，或稍短于萼片，具爪；雄蕊 6 枚，比花瓣长 1/3。果瓣中脉明显。种子淡红褐色，表面有细网纹。

主要用途： 种子含油，油可工业用，也可食用；种子可药用。

花旗杆 *Dontostemon dentatus* (Bunge) Lédeb.

别　　名： 齿叶花旗杆

识别要点： 植株散生白色弯曲柔毛，无腺毛。叶草质，椭圆状披针形，两面稍具毛，叶缘具疏齿。萼片椭圆形，长 3~4.5 毫米，宽 1~1.5 毫米，具白色膜质边缘，背面稍被毛；花瓣淡紫色，倒卵形，长 6~10 毫米，宽约 3 毫米，顶端钝，基部具爪。长角果直立，宿存花柱短，顶端微凹。种子棕色，长椭圆形，具膜质边缘。

主要用途： 栽培供观赏，为蜜源植物。种子可榨油。

郑州树木园植物图谱（草本卷）——十字花科

十字花科

芝麻菜属

别　　名：香油罐、臭菜、臭芥、芸芥

识别要点：叶羽状浅裂。总状花序；花梗长2~3毫米，具长柔毛；萼片长圆形，长8~10毫米，带棕紫色，外面有蛛丝状长柔毛；花瓣黄色，后变白色，有紫纹，短倒卵形，长1.5~2厘米，基部有窄线形长爪。长角果有白色反曲的绵毛或乳突状腺毛，4条棱，具扁平喙。种子近球形或卵形，直径1.5~2毫米，棕色，有棱角。

主要用途：茎叶作蔬菜食用，亦可作饲料；种子可榨油，供食用及医药用。

黄花糖芥 *Erysimum bungei* f. *flavum* (Kitag.) K. C. Kuan

别　　名: 披散糖芥、壁花

识别要点: 植株密生伏贴2叉毛。叶披针形或长圆状线形，基生叶长5~15
厘米，基部渐狭，边缘有波状齿或近全缘。总状花序顶生，有多
数花；萼片长圆形，长5~7毫米，密生2叉毛，边缘白色膜质；
花瓣黄色，长10~14毫米，倒披针形，无苞片，有细脉纹，顶端
圆形，基部具长爪；雄蕊6枚，近等长。

主要用途: 种子可作药用。

小花糖芥 *Erysimum cheiranthoides* L.

别　　名： 桂竹糖芥、野菜子

识别要点： 茎直立，有棱角，具2叉毛。基生叶莲座状，无柄，平铺地面，
叶片有2~3叉毛；茎生叶披针形或线形，顶端急尖，基部楔形，
两面具3叉毛。总状花序顶生，萼片长圆形或线形，外面有3叉毛；
花瓣浅黄色，长圆形，下部具爪。长角果圆柱形，侧扁，具3叉
毛；果瓣有1条不明显中脉；柱头头状；种子每室1行，淡褐色。

主要用途： 种子可作药用。

臭荠 *Lepidium didymum* L.

别　　名：芸芥、臭芸芥、臭独行菜

识别要点：一年或二年生匍匐草本植物。全株有臭味。基生叶和茎中部叶羽状全裂。花极小，直径约 1 毫米，萼片具白色膜质边缘；花瓣白色，长圆形，比萼片稍长，或无花瓣；雄蕊通常 2 枚。短角果肾形，长约 1.5 毫米，宽 2~2.5 毫米，2 裂，果瓣半球形，表面有粗糙皱纹，成熟时分离成 2 瓣。种子肾形，长约 1 毫米，红棕色。

主要用途：全草可入药。

北美独行菜 *Lepidium virginicum* L.

别　　名： 琴叶独行菜

识别要点： 茎单一，直立，上部分枝，具柱状腺毛。基生叶倒披针形，长
1~5 厘米，卵形或长圆形，边缘有锯齿，两面有短伏毛；叶柄
长 1~1.5 厘米；茎生叶有短柄，倒披针形或线形，顶端急尖，
基部渐狭，边缘有尖锯齿或全缘。花瓣白色，和萼片等长或稍长；
雄蕊 2 枚或 4 枚；花柱极短。角果近圆形，有窄翅，顶端微缺。
子叶缘倚胚根。

主要用途： 种子可入药；全草可作饲料。

涩荠属

涩荠 *Malcolmia africana* (L.) R. Br.

别　　名：马康草、离蕊芥、千果草、麦拉拉

识别要点：二年生草本植物。密生单毛或叉状硬毛。茎多分枝，有棱角。叶长 15~80 毫米，宽 5~18 毫米，顶端圆形，有小短尖。总状花序有 10~30 朵花，疏松排列；花瓣紫色或粉红色，长 8~10 毫米。长角果圆柱形或近圆柱形，近 4 条棱，密生短或长分叉毛，少数几无毛或完全无毛；柱头圆锥状；果梗加粗，长 1~2 毫米。

主要用途：可作地被植物。

诸葛菜 *Orychophragmus violaceus* (L.) O. E. Schulz

别　　名: 二月兰、紫金菜、菜子花

识别要点: 一年或二年生草本植物。无毛；茎单一，基部或上部稍有分枝。
基生叶及下部茎生叶大头羽状全裂；上部叶长圆形或窄卵形，基
部耳状，抱茎。呈疏松总状花序；花紫色、浅红色或褪成白色，
直径 20~40 毫米；花梗长 5~10 毫米；花萼筒状，紫色；花瓣宽
倒卵形，密生细脉纹。长角果线形，具 4 条棱；果瓣具锐脊，顶
端有长喙。

主要用途: 嫩茎叶可炒食；种子可榨油。

沼生葶菜 *Rorippa palustris* (L.) Besser

别　　名：风花菜

识别要点：叶片羽状深裂或大头羽裂。总状花序顶生或腋生，果期伸长；
　　　　　　花小，多数，黄色或淡黄色，具纤细花梗，长 3~5 毫米；萼片
　　　　　　长椭圆形，长 1.2~2 毫米，宽约 0.5 毫米；花瓣长倒卵形至楔形，
　　　　　　等于或稍短于萼片；雄蕊 6 个，近等长，花丝线状。短角果椭圆
　　　　　　形或近圆柱形，长 3~8 毫米，宽 1~3 毫米；果梗比果实长。

主要用途：幼苗及嫩株可食。

扛板归 *Persicaria perfoliata* (L.) H. Gross

蓼属

别　　名： 贯叶蓼、刺犁头、河白草、梨头刺、蛇不过

识别要点： 茎攀缘，具倒生皮刺。叶三角形，下面沿叶脉疏生皮刺；叶柄与叶片近等长，具倒生皮刺；托叶鞘叶状，圆形或近圆形。总状花序呈短穗状，不分枝；苞片卵圆形，每苞片内具花 2~4 朵；花被 5 个深裂，白色或淡红色，花被片椭圆形，长约 3 毫米，果时增大，呈肉质，深蓝色；雄蕊 8 枚，略短于花被；花柱 3 枚，中上部合生；柱头头状。

主要用途： 为优质畜禽饲用植物。全草可入药。

萹蓄 *Polygonum aviculare* L.

别　　名： 竹叶草、大蚂蚁草、扁竹

识别要点： 叶柄基部具关节；托叶鞘下部褐色，上部白色，撕裂脉明显。花单生或数朵簇生于叶腋，遍布于植株；苞片薄膜质；花梗细，顶部具关节；花被5个深裂，花被片椭圆形，长2~2.5毫米，绿色，边缘白色或淡红色；雄蕊8枚，花丝基部扩展；花柱3枚，柱头头状。瘦果卵形，具3条棱，密被由小点组成的细条纹。

主要用途： 全草供药用。

习见萹蓄 *Polygonum plebeium* R. Br.

萹蓄属

别　　名：小扁蓄、腋花蓼、铁马齿苋、铁马鞭

识别要点：一年生草本植物。叶狭椭圆形或倒披针形，长 0.5~1.5 厘米，基部具关节；叶柄极短或近无柄。花 3~6 朵，簇生于叶腋，遍布于全植株；苞片膜质；花梗中部具关节，比苞片短；花被 5 个深裂；花被片长椭圆形，绿色，背部稍隆起，边缘白色或淡红色；雄蕊 5 枚，花丝基部稍扩展，比花被短；花柱 3 枚，稀 2 枚，极短，柱头头状。瘦果平滑。

主要用途：全草可入药。

皱叶酸模 *Rumex crispus* L.

别　　名: 土大黄

识别要点: 多年生草本植物。基生叶披针形或狭披针形,边缘皱波状。花序狭圆锥状,花序分枝近直立或上升;花两性;淡绿色;花梗细,中下部具关节,关节果时稍膨大;花被片6片,外花被片椭圆形,长约1毫米,内花被片果时增大,宽卵形,长4~5毫米,网脉明显,顶端稍钝,基部近截形,边缘近全缘,全部具小瘤。

主要用途: 全草供药用;嫩茎、叶可作蔬菜及饲料。

齿果酸模 *Rumex dentatus* L.

酸模属

别　　名：牛舌草、羊蹄、齿果羊蹄

识别要点：一年生草本植物。茎自基部分枝，枝斜上，具浅沟槽。花序总状，顶生和腋生，具叶，由数个再组成圆锥状花序，多花，轮状排列，花轮间断；花梗中下部具关节；内花被片果时增大，三角状卵形，顶端急尖，基部近圆形，网纹明显，全部具小瘤，边缘每侧具 2~4 个刺状齿，齿长 1.5~2 毫米。瘦果卵形，具 3 条锐棱。

主要用途：根、叶可入药。

石竹科

卷耳属

球序卷耳 *Cerastium glomeratum* Thuill.

别　　名：圆序卷耳、婆婆指甲菜

识别要点：一年生草本植物。茎单生或丛生，密被长柔毛。茎下部叶叶片匙
形，顶端钝。聚伞花序密集呈头状，花序轴密被腺柔毛；苞片卵
状椭圆形，密被柔毛；花梗长 1~3 毫米，密被柔毛；萼片 5 片，
披针形，长约 4 毫米，密被长腺毛；花瓣 5 片，白色，长圆形，
先端 2 裂，基部被疏柔毛；花柱 5 枚。蒴果 10 个齿裂。种子褐色，
扁三角形，具小疣。

主要用途：为地被植物。幼苗可作饲料。

石竹科

石竹属

须苞石竹 *Dianthus barbatus* L.

别　　名： 五彩石竹、十样锦、美国石竹

识别要点： 多年生草本植物，全株无毛。茎直立，有棱。花多数，集成头状，有数枚叶状总苞片；花梗极短；苞片4片，卵形，顶端尾状尖，边缘膜质，具细齿；花萼筒状，长约1.5厘米；花瓣具长爪，瓣片卵形，通常呈红紫色，有白点斑纹，顶端齿裂，喉部具髯毛；雄蕊稍露于外；子房长圆形，花柱线形。蒴果卵状长圆形，顶端4裂至中部。

主要用途： 栽培供观赏。

郑州树木园植物图谱

石竹 *Dianthus chinensis* L.

石竹属

别　　名： 丝叶石竹、北石竹、山竹子、大菊

识别要点： 多年生草本植物，全株无毛，带粉绿色。花单生枝端或数花集成聚伞花序；苞片 4 片，卵形，长达花萼 1/2 以上，有缘毛；花萼圆筒形，有纵条纹，萼齿披针形，直伸，顶端尖，有缘毛；花瓣倒卵状三角形，顶缘不整齐齿裂，喉部有斑纹；雄蕊露出喉部外，花药蓝色；子房长圆形，花柱线形。蒴果圆筒形，包于宿存萼内，顶端 4 裂。

主要用途： 为观赏花卉。根和全草可入药。

长萼瞿麦 *Dianthus longicalyx* Miq.

石竹科

石竹属

别　　名：长筒瞿麦、长萼石竹

识别要点：植株高 40~80 厘米。叶片线状披针形或披针形。疏聚伞花序，具 2 至多朵花；苞片 3~4 对，草质，卵形，顶端短凸尖，边缘宽膜质，被短糙毛，长为花萼的 1/5；花萼长管状，长 3~4 厘米，绿色，有条纹，无毛，萼齿披针形，顶端锐尖；花瓣粉红色，具长爪，瓣片深裂成丝状；雄蕊伸达喉部；花柱线形。蒴果短于宿存萼。

主要用途：栽培供观赏。

麦蓝菜 *Gypsophila vaccaria* (L.) Sm.

石竹科

石头花属

别　　名： 麦蓝子、王不留行

识别要点： 全株无毛，呈灰绿色。叶对生，基部微抱茎。伞房花序稀疏；花梗细，长1~4厘米；苞片披针形，着生于花梗中上部；花萼卵状圆锥形，后期微膨大呈球形，棱绿色，棱间绿白色，近膜质，萼齿小，三角形，顶端急尖，边缘膜质；雌雄蕊柄极短；花瓣淡红色，爪狭楔形，淡绿色，瓣片狭倒卵形，斜展或平展，微凹缺；雄蕊内藏。

主要用途： 种子可入药。

女娄菜 *Silene aprica* Turcx. ex Fisch. et Mey.

石竹科

蝇子草属

别　　名： 王不留行、山蚂蚱菜、霞草

识别要点： 全株密被灰色短柔毛。茎生叶比基生叶稍小。圆锥花序较大；苞片披针形，草质，渐尖，具缘毛；花萼卵状钟形，长 6~8 毫米，近草质，密被短柔毛，果期长达 12 毫米，纵脉绿色，萼齿三角状披针形，具缘毛；花瓣白色或淡红色，爪具缘毛，瓣片倒卵形，2 裂；副花冠片舌状；花柱不外露，基部具短毛。种子圆肾形，具小瘤。

主要用途： 全草供药用。

石竹科

蝇子草属

麦瓶草 *Silene conoidea* L.

别　　名： 米瓦罐、净瓶、面条棵

识别要点： 全株被短腺毛。二歧聚伞花序具数朵花；花萼圆锥形，绿色，基部脐形，果期膨大，纵脉 30 条，沿脉被短腺毛；雌雄蕊柄几无；花瓣淡红色，爪不露出花萼，狭披针形，无毛，耳三角形，瓣片倒卵形；副花冠片狭披针形，白色，顶端具数浅齿；雄蕊微外露或不外露，花丝具稀疏短毛；花柱微外露。种子肾形，表面具线条纹，脊具槽。

主要用途： 全草供药用。

郑州树木园植物图谱（草本卷）——石竹科

鹅肠菜 *Stellaria aquatica* (L.) Scop.

石竹科

繁缕属

别　　名：石灰菜、鹅肠草、牛繁缕

识别要点：二年生或多年生草本植物，具须根。茎上部被腺毛。叶对生。顶生二歧聚伞花序；苞片叶状，边缘具腺毛；花梗细，长1~2厘米，花后伸长并向下弯，密被腺毛；萼片顶端较钝，边缘狭膜质，外面被腺柔毛，脉纹不明显；花瓣白色，2个深裂至基部；雄蕊10枚，稍短于花瓣；子房长圆形，花柱短，线形。种子近肾形，具小疣。

主要用途：全草供药用；幼苗可作野菜和饲料。

郑州树木园植物图谱

无瓣繁缕 *Stellaria pallida* (Dumortier) Crepin

别　　名： 小繁缕

识别要点： 茎通常铺散，基部分枝有 1 列长柔毛，但绝不被腺柔毛。叶小，两面无毛，上部及中部叶无柄，下部叶具长柄。二歧聚伞状花序；花梗细长；萼片披针形，长 3~4 毫米，顶端急尖，稀卵圆状披针形而近钝，多少被密柔毛，稀无毛；花瓣无或小，近于退化；雄蕊（0）3~5（10）枚；花柱极短。种子小，淡红褐色。

主要用途： 茎叶可喂家畜。

牛膝 *Achyranthes bidentata* Blume

牛膝属

别　　名：牛磕膝、倒扣草、怀牛膝

识别要点：叶片椭圆形或椭圆状披针形，少数倒披针形，顶端尾尖。穗状花序顶生及腋生，花期后反折；总花梗有白色柔毛；花多数，密生；苞片宽卵形，顶端长渐尖；小苞片刺状，顶端弯曲，基部两侧各有 1 片卵形膜质小裂片；花被片披针形，光亮，顶端急尖，有 1 条中脉；雄蕊长 2~2.5 毫米；退化雄蕊顶端平圆，稍有缺刻状细锯齿。

主要用途：根可入药。

凹头苋 *Amaranthus blitum* L.

别　　名： 野苋菜

识别要点： 一年生草本植物，全体无毛。茎基部分枝，淡绿色或紫红色。叶片卵形或菱状卵形，顶端凹缺；叶柄长 1~3.5 厘米。花呈腋生花簇；苞片及小苞片矩圆形，长不及 1 毫米；花被片长 1.2~1.5 毫米，淡绿色，顶端急尖，边缘内曲；雄蕊比花被片稍短；柱头 3 枚或 2 枚，果熟时脱落。胞果扁卵形，不裂，超出宿存花被片。种子环形，具环状边。

主要用途： 茎叶可作猪饲料；全草供药用。

反枝苋 *Amaranthus retroflexus* L.

苋属

别　　名：西风谷、苋菜

识别要点：茎直立，密生短柔毛。叶柄旁无刺。圆锥花序顶生及腋生，直立，由多数穗状花序形成，顶生花穗较侧生者长；苞片及小苞片钻形，白色，背面有 1 个龙骨状突起，伸出顶端成白色尖芒；花被片长 2~2.5 毫米，薄膜质，白色，有 1 条淡绿色细中脉，具凸尖；雄蕊比花被片稍长；柱头 3 枚，有时 2 枚。胞果环状横裂，包裹在宿存花被片内。

主要用途：嫩茎叶为野菜，也可作家畜饲料；种子作青葙子入药；全草供药用。

刺苋 *Amaranthus spinosus* L.

别　　名： 勒苋菜、笃苋菜

识别要点： 茎直立，多分枝，有纵条纹。叶片顶端圆钝，具微凸头，全缘；叶柄无毛，在其旁有 2 个刺，刺长 5~10 毫米。圆锥花序腋生及顶生，下部顶生花穗常全部为雄花；苞片在花穗的基部者变成尖锐直刺，在花穗的上部者狭披针形；花被片绿色，顶端急尖，具凸尖，边缘透明。胞果矩圆形，中部以下不规则横裂。种子近球形。

主要用途： 嫩茎叶可作野菜食用；全草供药用。

苋属

皱果苋 *Amaranthus viridis* L.

别　　名：绿苋

识别要点：茎直立，稍有分枝，绿色或带紫色。圆锥花序顶生，有分枝，由穗状花序形成，圆柱形，细长，直立，顶生花穗比侧生者长；总花梗长 2~2.5 厘米；苞片及小苞片披针形，顶端具凸尖；花被片矩圆形或宽倒披针形，内曲，顶端急尖，背部有 1 条绿色隆起的中脉；雄蕊比花被片短；柱头 3 枚或 2 枚。胞果扁球形，不裂，极皱缩。

主要用途：嫩茎叶可作野菜食用，也可作饲料；全草可入药。

鸡冠花 *Celosia cristata* L.

青葙属

别　　名： 鸡公花、鸡冠头

识别要点： 叶片卵形、卵状披针形或披针形，长 5~8 厘米，宽 1~3 厘米，绿色常带红色，顶端急尖或渐尖，具小芒尖，基部渐狭。花多数，极密生，呈扁平肉质鸡冠状、卷冠状或羽毛状的穗状花序，表面羽毛状；花被片红色、紫色、黄色、橙色或红色、黄色相间。胞果卵形，长 3~3.5 毫米，包裹在宿存花被片内。种子凸透镜状肾形。

主要用途： 栽培供观赏。花和种子供药用。

藜 *Chenopodium album* L.

藜属

别　　名: 灰条菜、灰藋

识别要点: 茎具条棱及绿色或紫红色色条,多分枝。叶上面通常无粉,下面多少有粉。花两性,花簇于枝上部排列成或大或小的穗状圆锥状或圆锥状花序;花被裂片5片,宽卵形至椭圆形,背面具纵隆脊,有粉,先端或微凹,边缘膜质;雄蕊5枚,花药伸出花被,柱头2枚。种子横生,表面具浅沟纹。

主要用途: 幼苗可作蔬菜食用;茎叶可喂家畜;全草可入药。

铺地藜 *Dysphania pumilio* (R. Br.) Mosyakin & Clemants

别　　名： 土荆芥

识别要点： 一年生铺散或平卧草本植物。茎分枝多而纤细，嫩枝密被节柔毛。叶先端钝圆，基部楔形，两面均被节柔毛，下面密生黄色腺粒，后渐变稀疏。聚伞花序腋生；花两性或雌性；花被片5片，直立，先端钝，基部合生，边缘和先端具节毛和黄色腺粒，果期舟形，直立或稍开展，灰白色；柱头2枚。种子直立，双凸透镜状，红褐色。

主要用途： 为地被植物。

腺毛藜属

猪毛菜 *Kali collinum* (Pall.) Akhani & Roalson

别　　名：扎蓬棵、刺蓬、猪毛缨、叉明棵、蓬子菜

识别要点：叶片丝状圆柱形，顶端有刺状尖。花序穗状，生枝条上部；苞片卵形，顶部延伸，有刺状尖，边缘膜质，背部有白色隆脊；花被片膜质，顶端尖，果时变硬，自背面中上部生鸡冠状突起；花被片在突起以上部分，近革质，顶端为膜质，向中央折曲成平面，紧贴果实，有时在中央聚集成小圆锥体；花药长 1~1.5 毫米；柱头丝状。

主要用途：全草可入药；嫩茎、叶可食用。

刺藜 *Teloxys aristata* (L.) Moq.

刺藜属

别　　名：针尖藜、刺穗藜

识别要点：一年生草本植物，植物体通常呈圆锥形，无粉，秋后常带紫红色。复二歧式聚伞花序生于枝端及叶腋，最末端的分枝针刺状；花两性，几无柄；花被裂片 5 片，狭椭圆形，先端钝或骤尖，背面稍肥厚，边缘膜质，果时开展。胞果顶基扁，圆形；果皮透明，与种子贴生。种子横生，顶基扁，周边截平或具棱。

主要用途：全草可入药。

商陆属

垂序商陆 *Phytolacca americana* L.

别　　名： 洋商陆、见肿消、红籽

识别要点： 多年生草本植物。根粗壮，肥大，倒圆锥形。茎直立，圆柱形，有时带紫红色。叶片椭圆状卵形或卵状披针形，顶端急尖，基部楔形；叶柄长 1~4 厘米。总状花序顶生或侧生；花白色，微带红晕，直径约 6 毫米；花被片 5 片，雄蕊、心皮及花柱通常均为 10 枚，心皮合生。果序下垂；浆果扁球形，熟时紫黑色；种子肾圆形，直径约 3 毫米。

主要用途： 全草可作农药；根、种子可药用。

紫茉莉科

紫茉莉属

紫茉莉 *Mirabilis jalapa* L.

别　　名： 晚晚花、野丁香、夜饭花、粉豆、胭脂花

识别要点： 茎多分枝，节稍膨大。叶片卵形或卵状三角形，基部截形或心形，全缘。花常数朵簇生于枝端；总苞钟形，5裂，裂片三角状卵形，无毛，具脉纹，果时宿存；花被紫红色、黄色、白色或杂色，高脚碟状，5个浅裂；雄蕊5枚，花丝细长，常伸出花外，花药球形；花柱单生，线形，伸出花外，柱头头状。瘦果球形，表面具皱纹。

主要用途： 栽培供观赏；根、叶可药用。

郑州树木园植物图谱（草本卷）——紫茉莉科

马齿苋 *Portulaca oleracea* L.

别　　名： 马齿菜、马苋菜、马齿草、五行草、马苋、马耳菜

识别要点： 一年生草本植物，全株无毛。茎伏地铺散，多分枝，圆柱形。叶互生，有时近对生，叶片扁平，肥厚，似马齿状，顶端圆钝或平截，全缘。花无梗，常 3~5 朵簇生于枝端，午时盛开；苞片 2~6 片，膜质；萼片 2 片，对生，绿色，背部具龙骨状突起，基部合生；花瓣 5 片，稀 4 片，黄色。种子细小，多数，黑褐色，直径不及 1 毫米，具小疣状突起。

主要用途： 嫩茎叶可作蔬菜；全草供药用。

凤仙花 *Impatiens balsamina* L.

别　　名： 指甲花、凤仙透骨草

识别要点： 叶互生，披针形、狭椭圆形或倒披针形，基部楔形，具柄，边缘有锐锯齿，基部常有数对黑色腺体。花单生或2~3朵簇生于叶腋，无总花梗，多色；花梗密被柔毛；旗瓣圆形，背面中肋具狭龙骨状突起，顶端具小尖，翼瓣具短柄，先端2个浅裂，外缘近基部具小耳；雄蕊5枚。蒴果宽纺锤形，密被柔毛。种子多数，圆球形。

主要用途： 茎及种子可入药。

点地梅 *Androsace umbellata* (Lour.) Merr.

别　　名：喉咙草、佛顶珠、白花草、清明花

识别要点：主根不明显，具多数须根。叶全部基生，先端钝圆，基部浅心形至近圆形，边缘具三角状钝牙齿；叶柄长 1~4 厘米。花葶通常数枚自叶丛中抽出，被白色短柔毛。伞形花序 4~15 朵花；花梗纤细，果时伸长可达 6 厘米，被柔毛并杂生短柄腺体；花萼杯状，密被短柔毛，分裂近达基部；花冠白色，短于花萼，喉部黄色。

主要用途：全草可入药。

报春花科

珍珠菜属

泽珍珠菜 *Lysimachia candida* Lindl.

别　　名： 白水花、水硼砂

识别要点： 一年生或二年生草本植物，全体无毛。茎叶互生，两面均有黑色或带红色的小腺点，无柄或近于无柄。总状花序顶生，初时因花密集而呈阔圆锥形，其后渐伸长；花梗长约为苞片的 2 倍；花萼分裂近达基部，背面沿中肋两侧有黑色短腺条；花冠白色；花丝贴生至花冠的中下部；花粉粒具 3 个孔沟，表面具网状纹饰。

主要用途： 全草可入药。

金爪儿 *Lysimachia grammica* Hance

别　　名： 红苦藤菜、路边黄、雪公须、五星黄、爬地黄

识别要点： 茎簇生，膝曲直立。叶在茎下部对生，在上部互生，卵形至三角状卵形，两面均被多细胞柔毛，密布长短不等的黑色腺条。花单生于茎上部叶腋；花梗纤细，丝状，密被柔毛，花后下弯；花萼分裂近达基部，边缘具缘毛，背面疏被柔毛和紫黑色腺条；花冠黄色，先端稍钝；花丝下部合生成高约 0.5 毫米的环；子房被毛。

主要用途： 全草可入药。

拉拉藤 *Galium spurium* L.

别　　名： 八仙草、爬拉殃、猪殃殃

识别要点： 多枝、蔓生或攀缘状草本植物。茎有 4 个棱角；棱上、叶缘、叶脉上均有倒生的小刺毛。叶纸质或近膜质，6~8 片轮生，两面常有紧贴的刺状毛，近无柄。聚伞花序，花小，4 基数，有纤细的花梗；花萼被钩毛；花冠黄绿色或白色，辐状，镊合状排列；子房被毛，花柱 2 裂至中部，柱头头状。果干燥，密被钩毛。

主要用途： 全草可入药。

茜草 *Rubia cordifolia* L.

别　　名：土茜苗

识别要点：草质攀缘藤本植物。茎具白色的髓，节部不变红。叶纸质，通常
　　　　　4片轮生，披针形或长圆状披针形，长约为宽的 2~3 倍；叶柄通
　　　　　常比叶片短或与之近等长。花冠淡黄色，干时淡褐色，盛开时花
　　　　　冠檐部直径 3~3.5 毫米，花冠裂片近卵形，微伸展，长约 1.5 毫米，
　　　　　外面无毛。果无毛，成熟时橘黄色。

主要用途：根和根茎可入药。

白花蛇舌草 *Scleromitrion diffusum* (Willd.) R. J. Wang

茜草科

蛇舌草属

别　　名：蛇总管

识别要点：叶对生，线形，中脉在上面下陷，侧脉不明显。花4基数，单生或双生于叶腋；萼管球形，萼檐裂片长圆状披针形，顶部渐尖，具缘毛；花冠白色，管形，喉部无毛，花冠裂片卵状长圆形，长约2毫米，顶端钝；雄蕊生于冠管喉部，花丝长0.8~1毫米，花药突出；柱头2裂，裂片广展，有乳头状凸点。蒴果成熟时顶部室背开裂。

主要用途：全草可入药。

郑州树木园植物图谱（草本卷）——茜草科

鹅绒藤 *Cynanchum chinense R. Br.*

别　　名：祖子花

识别要点：缠绕草本植物，主根圆柱状。叶宽三角状心形，长 4~9 厘米。伞形聚伞花序腋生，两歧，着花约 20 朵；花萼外面被柔毛；花冠白色，裂片长圆状披针形；副花冠二形，杯状，上端裂成 10 个丝状体，分为两轮，外轮约与花冠裂片等长，内轮略短；花粉块每室 1 个，下垂；花柱头略微凸起，顶端 2 裂。

主要用途：全株可作驱风剂。

萝藦 *Cynanchum rostellatum* (Turcz.) Liede & Khanum

夹竹桃科

鹅绒藤属

别　　名： 芄兰、斫合子、白环藤、羊婆奶、羊角、蔓藤草

识别要点： 多年生草质藤本植物，具乳汁。花蕾圆锥状，顶端尖。总状式聚伞花序腋生或腋外生，具长总花梗；花梗着花通常 13~15 朵；花冠白色，有淡紫红色斑纹，花冠裂片顶端反折；副花冠环状，短 5 裂，裂片兜状；雄蕊连生成圆锥状，并包围雌蕊在其中，花药顶端具白色膜片；柱头延伸成 1 个长喙，顶端 2 裂。蓇葖叉生，纺锤形，基部膨大。

主要用途： 全株可药用；茎皮纤维可造人造棉。

郑州树木园植物图谱（草本卷）——夹竹桃科

柔弱斑种草 *Bothriospermum zeylanicum* (J. Jacq.) Druce

别　　名： 细茎斑种草

识别要点： 茎细弱，被贴伏向上的糙伏毛。叶上下两面被贴伏的糙伏毛或短硬毛。花序柔弱，细长；苞片椭圆形或狭卵形，被伏毛或硬毛；花萼长 1~1.5 毫米，果期增大，外面密生向上的伏毛，裂至近基部；花冠蓝色或淡蓝色，檐部直径 2.5~3 毫米，裂片圆形，喉部有 5 个梯形的附属物。小坚果肾形，腹面具纵椭圆形的环状凹陷。

主要用途： 全草可药用。

斑种草属

紫草科

鹤虱属

鹤虱 *Lappula myosotis* Moench

别　　名：赖毛子、粘珠子

识别要点：一年生或二年生草本植物。茎直立，高 30~60 厘米，密被白色短糙毛。花序在花期短，果期伸长；苞片线形，较果实稍长；花萼 5 个深裂，几达基部，果期增大呈狭披针形，长约 5 毫米，星状开展或反折；花冠淡蓝色，漏斗状至钟状，喉部附属物梯形。小坚果 4 个，卵状，背面通常有颗粒状疣突，边缘有 2 行近等长的锚状刺，基部不连合。

主要用途：果实可入药。

郑州树木园植物图谱（草本卷）——紫草科

弯齿盾果草 *Thyrocarpus glochidiatus* Maxim.

盾果草属

别　　名：盾荚果

识别要点：茎细弱，常自下部分枝，有长硬毛和短糙毛。基生叶有短柄，两面都有具基盘的硬毛；茎生叶较小，无柄。苞片卵形至披针形，花生于苞腋或腋外；花萼先端钝，两面都有毛；花冠淡蓝色或白色，与萼几等长，喉部附属物线形；雄蕊 5 枚，着生于花冠筒中部，内藏。坚果齿的先端明显膨大并向内弯曲，内层碗状突起显著向里收缩。

主要用途：全草可入药。

附地菜 *Trigonotis peduncularis* (Trev.) Benth. ex Baker et Moore

附地菜属

别　　名： 地胡椒、黄瓜香

识别要点： 茎通常多条丛生，密集，铺散，基部多分枝，被短糙伏毛。基生叶呈莲座状，有叶柄，两面被糙伏毛，茎上部叶无叶柄或具短柄。聚伞花序腋生，着花数朵；花萼裂片卵圆形，内面基部有 10 个小腺体；花冠紫红色，辐状；副花冠环状，10 裂，其中 5 裂延伸呈丝状，被短柔毛；雄蕊着生在副花冠内面，并与其合生。坚果具 3 条锐棱。

主要用途： 全草可入药；嫩叶可供食用。

旋花科

打碗花属

打碗花 *Calystegia hederacea* Wall.

别　　名： 扶子苗、狗儿秧、小旋花、喇叭花、钩耳蕨

识别要点： 植株通常矮小，全体不被毛。花腋生，1 朵，花梗长于叶柄，
有细棱；苞片宽卵形，长 0.8~1.6 厘米，顶端钝或锐尖至渐尖；
萼片长圆形，长 0.6~1 厘米，顶端钝，具小短尖头，内萼片稍短；
花冠淡紫色或淡红色，钟状，冠檐近截形或微裂；子房无毛，柱
头 2 裂，裂片长圆形，扁平。宿萼与果近等长。

主要用途： 根可药用。

藤长苗 *Calystegia pellita* (Ledeb.) G. Don

别　　名： 狗儿秧、毛胡弯、兔耳苗、野山药

识别要点： 茎缠绕，有细棱，密被灰白色或黄褐色长柔毛。叶长圆形或长圆状线形，两面被柔毛；叶柄短。花腋生，单一，花梗短于叶，密被柔毛；苞片卵形，长 1.5~2.2 厘米，顶端钝，具小短尖头；萼片近相等，长 0.9~1.2 厘米；花冠淡红色，漏斗状；雄蕊花丝基部扩大，被小鳞毛；子房无毛，2 室，每室 2 粒胚珠，柱头 2 裂，扁平。

主要用途： 全草可入药。

郑州树木园植物图谱（草本卷）——旋花科

田旋花 *Convolvulus arvensis* L.

旋花属

别　　名： 田福花、燕子草、小旋花、三齿草藤、白花藤

识别要点： 多年生草本植物，茎平卧或缠绕，有条纹及棱角。叶卵状长圆形至披针形，叶基心形或箭形；叶柄较叶片短。花序腋生，花柄比花萼长得多；苞片2片，线形；萼片有毛，稍不等，2片外萼片稍短，边缘膜质；花冠宽漏斗形，长15~26毫米，5个浅裂；雄蕊5枚，稍不等长，较花冠短一半，花丝基部扩大；雌蕊较雄蕊稍长，子房有毛。

主要用途： 全草可入药。

菟丝子 *Cuscuta chinensis* **Lam.**

菟丝子属

别　　名：无根藤、黄丝藤、无根草、山麻子、豆阎王

识别要点：寄生草本植物，无根。茎缠绕，黄色，纤细，无叶。花序侧生，
少花或多花簇生成小伞形或小团伞形花序，近于无总花序梗；苞
片及小苞片小，鳞片状；花萼杯状，中部以下连合，裂片三角状；
花冠白色，壶形，向外反折，宿存；雄蕊着生于花冠裂片弯缺微
下处；鳞片边缘长流苏状。蒴果几乎全为宿存的花冠所包围，成
熟时整齐地周裂。

主要用途：种子可药用。

番薯 *Ipomoea batatas* (L.) Lam.

别　　名： 白薯、红苕、红薯、甜薯、地瓜

识别要点： 一年生草本植物，地下部分具圆形、椭圆形或纺锤形的块根。茎平卧或上升，茎节易生不定根。叶通常为宽卵形，全缘。开花习性随品种和生长条件而不同。蒴果卵形或扁圆形，有假隔膜，分为 4 室。种子 1~4 粒，通常 2 粒。

主要用途： 块根作主粮，也可作食品加工、制造淀粉和酒精的重要原料；根、茎、叶是优良的饲料。

变色牵牛 *Ipomoea indica* (J. Burman) Merrill

别　　名： 寄生牵牛

识别要点： 一年生缠绕草本植物。茎上被倒向的短柔毛及杂有倒向或开展的长硬毛。叶卵形或圆形，全缘或 3 裂，长 5~15 厘米，顶端渐尖或骤尖，基部心形，背面密被灰白色短而柔软贴伏的毛，叶面毛较少。花序梗长于叶柄，花梗短；萼片外面被贴伏的柔毛；花冠蓝紫色，以后变红紫色或红色。蒴果 3 瓣裂；种子被褐色短绒毛。

主要用途： 可用于棚架绿化。

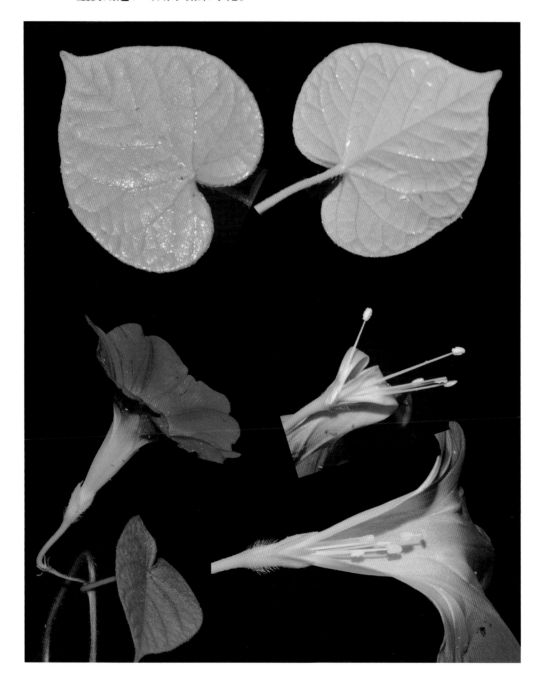

牵牛 *Ipomoea nil* (L.) Roth

别   名： 喇叭花、牵牛花、朝颜、二牛子、二丑

识别要点： 茎、叶以至萼片被硬毛或刚毛。叶宽卵形或近圆形，深或浅的3裂，偶5裂。花序梗通常比叶柄短，有时近等长；萼片近等长，外面被开展的刚毛，基部更密；花冠漏斗状，蓝紫色或紫红色，花冠管色淡；雄蕊及花柱内藏，雄蕊不等长，花丝基部被柔毛；子房无毛，柱头头状。蒴果近球形，直径0.8~1.3厘米，3瓣裂。

主要用途： 栽培供观赏。种子为常用中药。

圆叶牵牛 *Ipomoea purpurea* Lam.

虎掌藤属

别　　名： 连簪簪、牵牛花、心叶牵牛

识别要点： 茎、叶以至萼片被硬毛或刚毛。叶圆心形或宽卵状心形，通常全缘。花序梗通常比叶柄短，有时近等长；萼片近等长，长 1.1~1.6 厘米，外面均被开展的硬毛，基部更密；花冠漏斗状，花冠管通常白色，瓣中带于内面色深，外面色淡；雄蕊与花柱内藏；雄蕊不等长，花丝基部被柔毛；子房无毛，3 室，每室 2 粒胚珠，柱头头状。

主要用途： 多植于篱垣或攀作荫棚。种子可入药。

茄科

酸浆属

挂金灯 *Alkekengi officinarum var. franchetii* (Mast.) R. J. Wang

别　　名：红姑娘、泡泡草、锦灯笼、天泡

识别要点：多年生草本植物，基部常匍匐生根。茎较粗壮，节膨大。叶长，顶端渐尖，基部不对称，下延至叶柄，仅叶缘有短毛。花梗开花时直立，后向下弯曲，近无毛，果时无毛；花萼阔钟状，无毛；花冠辐状，白色；雄蕊及花柱均较花冠为短。果萼卵状，有 10 条纵肋，橙色或火红色，顶端闭合，基部凹陷；浆果球状，橙红色。

主要用途：果可食用，也可药用。

朝天椒 *Capsicum annuum* var. *conoides* (Mill.) Irish

辣椒属

别　　名： 小辣椒、望天椒、望天猴

识别要点： 植物体多二歧分枝。叶互生，枝顶端节不伸长而呈双生或簇生状，矩圆状卵形、卵形或卵状披针形，全缘，顶端短渐尖或急尖，基部狭楔形；叶柄长 4~7 厘米。花常单生于二分叉间，花梗直立，花稍俯垂，花冠白色或带紫色。果梗及果实均直立，果实较小，圆锥状，长 1.5~3 厘米，成熟后呈红色或紫色，味极辣。

主要用途： 可作为盆景，栽培供观赏。果实可食。

菜椒 *Capsicum annuum* var. *grossum* (L.) Sendtn.

辣椒属

别　　名：甜椒、大椒

识别要点：叶矩圆形或卵形，长 10~13 厘米。花单生，俯垂；花萼杯状，不显著 5 齿；花冠白色，裂片卵形；花药灰紫色。果梗直立或俯垂，果实大型，近球状、圆柱状或扁球状，多纵沟，顶端截形或稍内陷，基部截形且常稍向内凹入，味不辣而略带甜或稍带椒味。种子扁肾形，长 3~5 毫米，淡黄色。

主要用途：果实可食。

毛曼陀罗 *Datura innoxia* Mill.

曼陀罗属

别　　名：北洋金花、毛花曼陀罗

识别要点：一年生直立草本或半灌木状植物，全体密被细腺毛和短柔毛。茎下部灰白色。叶片广卵形，侧脉每边 7~10 条。花单生；花梗初直立，后渐向下弓曲；花萼圆筒状，不具棱角，5 裂；花冠长漏斗状，边缘有 10 个尖头；子房密生白色柔针毛。蒴果密生细针刺，全果亦密生白色柔毛，成熟后由近顶端不规则开裂。种子扁肾形，褐色。

主要用途：全株有毒，可药用；种子油可制肥皂或掺和油漆用。

曼陀罗属

曼陀罗 *Datura stramonium* L.

别　　名：枫茄花、狗核桃、万桃花、洋金花

识别要点：草本或半灌木状植物。花单生于枝杈间或叶腋，直立，有短梗；花萼筒状，筒部有5个棱角，两棱间稍向内陷，顶端紧围花冠筒；花冠漏斗状，下半部带绿色，上部白色或淡紫色，檐部5个浅裂，裂片有短尖头；雄蕊不伸出花冠；子房密生柔针毛。蒴果直立生，卵状，表面生有坚硬针刺，成熟后淡黄色，规则4瓣裂。种子卵圆形，黑色。

主要用途：栽培供观赏。全株有毒，可药用；种子油可制肥皂或掺和油漆用。

假酸浆 *Nicandra physalodes* (L.) Gaertner

假酸浆属

别　　名： 冰粉、大千生

识别要点： 茎直立，有棱条，无毛，上部交互不等的二歧分枝。叶卵形或椭圆形，长4~12厘米，边缘有粗齿或浅裂。花单生于枝腋而与叶对生，通常具较叶柄长的花梗，俯垂；花萼5个深裂，基部心脏状箭形，有2片尖锐的耳片，果时包围果实，直径2.5~4厘米；花冠钟状，浅蓝色，直径达4厘米，檐部有折襞，5个浅裂。浆果球状，黄色。

主要用途： 栽培供观赏。全草供药用。

茄科

矮牵牛属

碧冬茄 *Petunia × hybrida* hort. ex Vilm.

别　　名： 毽子花、灵芝牡丹、撞羽朝颜、矮牵牛

识别要点： 一年生草本植物。叶卵形，全缘，侧脉不显著，5~7 对；具短柄或近无柄。花单生叶腋；花梗长 3~5 厘米；花萼 5 个深裂，裂片线形，长 1~1.5 厘米，先端钝，宿存；花冠白或紫堇色，漏斗状，冠筒向上渐宽，冠檐开展，具折襞，5 个浅裂；雄蕊 4 长 1 短；花柱稍长于雄蕊。蒴果圆锥状，2 瓣裂。种子近球形，褐色；杂交种。

主要用途： 栽培供观赏。

郑州树木园植物图谱

茄科

灯笼果属

小酸浆 *Physalis minima* L.

别　　名： 毛苦蘵

识别要点： 植株矮小，顶端多二歧分枝，分枝横卧于地上或稍斜升。叶基部歪斜，楔形或阔楔形。花具细弱的花梗，花梗长约 5 毫米，生短柔毛；花萼钟状，长 2.5~3 毫米，外面生短柔毛，裂片三角形，顶端短渐尖，缘毛密；花冠黄色，长约 5 毫米；花药黄白色，长约 1 毫米。果成熟时果萼草绿色或淡麦秆色，薄纸质。

主要用途： 全株供药用；嫩茎和果实可以食用。

番茄 *Solanum lycopersicum* L.

别　　名： 西红柿、蕃柿

识别要点： 全体生黏质腺毛，有强烈气味。叶羽状复叶或羽状深裂，小叶极不规则，大小不等，常5~9片，卵形或矩圆形，边缘有不规则锯齿或裂片。花序总梗长2~5厘米，常3~7朵花；花萼辐状，裂片披针形，果时宿存；花冠辐状，直径约2厘米，黄色。浆果扁球状或近球状，肉质而多汁液，橘黄色或鲜红色，光滑；种子黄色。

主要用途： 果实可食。

龙葵 *Solanum nigrum* L.

茄属

别　　名： 天茄菜、地泡子、野茄秧、天天豆

识别要点： 一年生直立草本植物，无刺，无地下块茎。叶卵形，先端短尖，基部楔形至阔楔形而下延至叶柄，全缘或每边具不规则的波状粗齿，叶脉每边5~6条。短蝎尾状花序腋外生，有3~6（10）朵花；萼小，浅杯状，基部两齿间连接处呈一定角度；花药约为花丝长度的4倍，顶孔向内。浆果球形，直径约8毫米，熟时黑色。

主要用途： 全株可入药。

毛龙葵 *Solanum sarrachoides* Sendt.

别　　名： 腺龙葵

识别要点： 植株平卧，全株密被白色腺毛，具特殊气味。叶卵形，长 2.5~10
厘米，宽 1.5~5.5 厘米，先端短尖。花冠白色，开放前常折叠；
花萼较大，长 0.5~0.8 厘米，密被腺毛，包裹成熟果实一半以上；
雄蕊 5 枚，着生于花冠筒喉部，花丝短；子房 2 室，胚珠多数。
浆果球形，成熟时黄绿色至黄褐色。

主要用途： 为地被植物。

青杞 *Solanum septemlobum* Bunge

别　　名：狗杞子、野茄子、野狗杞、蜀羊泉

识别要点：植株无刺，茎具棱角，被白色具节弯卷的短柔毛至近于无毛。叶卵形，通常 7 裂，裂片卵状长圆形至披针形。二歧聚伞花序；花梗纤细，长 5~8 毫米，基部具关节；萼杯状，5 裂，萼齿三角形；花冠青紫色，花冠筒隐于萼内，先端 5 个深裂，开放时常向外反折；花药黄色，顶孔向内；子房卵形，柱头头状。浆果近球状，熟时红色。

主要用途：全草可药用。

香彩雀 *Angelonia angustifolia* Benth.

香彩雀属

别　　名： 天使花

识别要点： 多年生草本植物。全体被腺毛。茎直立，圆柱形。叶对生；叶片条状披针形，先端渐尖，基部渐狭；近无柄，叶脉明显。花单生于茎上部叶腋，形似总状花序；花梗细长；花萼深裂至基部；花冠蓝紫色，花冠筒短，喉部有 1 对囊，檐部辐状，上唇 2 个深裂，下唇 3 裂；雄蕊 4 枚，花丝短；花冠合生，上部 5 裂，下方裂片基部常有一白斑。

主要用途： 庭园栽培供观赏。

毛地黄 *Digitalis purpurea* L.

毛地黄属

别　　名: 自由钟、洋地黄、山白菜

识别要点: 一年生或多年生草本植物,除花冠外,全体被灰白色短柔毛和腺毛。花常排列成朝向一侧的长而顶生的总状花序;萼钟状,长约 1 厘米,果期略增大,5 裂几达基部;裂片矩圆状卵形,先端钝至急尖;花冠紫红色,内面具斑点,长 3~4.5 厘米,裂片很短,先端被白色柔毛。种子被蜂窝状网纹。

主要用途: 栽培供观赏。叶可药用。

车前科

车前属

平车前 *Plantago depressa* Willd.

别　　名： 车前草、车串串、小车前

识别要点： 直根长，具多数侧根，多少肉质。叶片椭圆形、椭圆状披针形或卵状披针形，长为宽的 2 倍以上，脉 5~7 条。苞片三角状卵形，无毛；花冠白色，无毛，长 0.5~1 毫米；花药干后变淡褐色。蒴果卵状椭圆形至圆锥状卵形，于基部上方周裂。种子 4~5 粒，椭圆形，腹面平坦，黄褐色至黑色；子叶背腹向排列。

主要用途： 幼株可食用；全草可药用。

长叶车前 *Plantago lanceolata* L.

别　　名： 窄叶车前、欧车前

识别要点： 根茎粗短。叶基生呈莲座状，长为宽的 2 倍以上。穗状花序，幼时通常呈圆锥状卵形，成长后变短圆柱状或头状，紧密；苞片卵形或椭圆形，龙骨突匙形，密被长粗毛；花冠白色，无毛，冠筒约与萼片等长或稍长，中脉明显，干后淡褐色，花后反折；雄蕊着生于冠筒内面中部，与花柱明显外伸。种子 1~2 粒，腹面内凹成船形。

主要用途： 全草可入药。

大车前 *Plantago major* L.

别　　名：钱贯草、大猪耳朵草

识别要点：二年生或多年生草本植物。须根多数。叶基生呈莲座状，叶片卵形或宽卵形，基部鞘状。穗状花序基部常间断；花无梗；花萼先端圆形，边缘膜质，龙骨突不达顶端，前对萼片椭圆形至宽椭圆形，后对萼片宽椭圆形至近圆形。花冠白色，无毛，冠筒等长或略长于萼片，于花后反折。种子卵形、椭圆形或菱形，具角。

主要用途：全草可入药。

蚊母草 *Veronica peregrina* L.

婆婆纳属

别　　名： 仙桃草、水蓑衣

识别要点： 株高 10~25 厘米，通常自基部多分枝，主茎直立，侧枝披散。叶无柄，下部的倒披针形，上部的长矩圆形。总状花序长，果期达 20 厘米；苞片与叶同形而略小；花冠白色或浅蓝色，长 2 毫米；雄蕊短于花冠。蒴果倒心形，明显侧扁，长 3~4 毫米，宽略过之，边缘生短腺毛，宿存的花柱不超出凹口。种子矩圆形。

主要用途： 嫩苗可食；带虫瘿的全草可入药。

车前科

婆婆纳属

别　　名：波斯婆婆纳、肾子草

识别要点：一年生铺散多分枝草本植物。总状花序；花冠蓝色、紫色或蓝紫色，长 4~6 毫米，裂片卵形至圆形，喉部疏被毛；雄蕊短于花冠。蒴果肾形，长约 5 毫米，宽约 7 毫米，被腺毛，成熟后几乎无毛，网脉明显，凹口角度超过 90 度，裂片钝，宿存的花柱长约 2.5 毫米，超出凹口。种子背面具深的横纹。

主要用途：为地被植物。

母草科

蝴蝶草属

蓝猪耳 *Torenia fournieri* Linden. ex Fourn.

别　　名：夏堇、兰猪耳

识别要点：茎几无毛，具 4 条窄棱。花具长 1~2 厘米之梗，通常在枝的顶端排列成总状花序；花萼椭圆形，具宽约 2 毫米的翅；花冠超出萼齿部分 10~23 毫米；花冠筒淡青紫色，背黄色；上唇直立，浅蓝色，宽倒卵形，顶端微凹；下唇裂片矩圆形或近圆形，彼此几相等，紫蓝色，中裂片的中下部有一黄色斑块；花丝不具附属物。

主要用途：栽培供观赏。

爵床 *Justicia procumbens* L.

别　　名： 白花爵床、孩儿草、密毛爵床

识别要点： 草本植物，茎几铺散，上部上升，基部匍匐，节上生根，密被硬毛，茎上部节上叶对生。叶椭圆形至椭圆状长圆形，两面常被短硬毛；叶柄短。穗状花序顶生或生于上部叶腋；花萼裂片4片；花冠粉红色，二唇形，下唇3个浅裂；药室不等高，下方1室有距。蒴果上部具4粒种子，下部实心似柄状。种子有瘤状皱纹。

主要用途： 栽培供观赏。全草可药用。

马鞭草科

美女樱属

细叶美女樱 *Glandularia tenera* (Spreng.) Cabrera

别　　名：羽叶马鞭草

识别要点：茎基部稍木质化，节部生根。株高 20~30 厘米，枝条细长四棱，微生毛。叶对生，二回羽状深裂，裂片线性，两面疏生短硬毛，端尖，全缘，叶有短柄。穗状花序顶生，开花时短缩呈伞房状，多数小花密集排列其上，花冠筒状，花色丰富；花柱顶生，下陷于子房裂片中，柱头明显分裂。

主要用途：庭园栽培供观赏。

柳叶马鞭草 *Verbena bonariensis* L.

别　　名：龙芽草、风颈草、野荆草、蜻蜓草、燕尾草

识别要点：全株被纤细的绒毛。茎正方形，多分枝。叶对生，基部无柄，初生叶为椭圆形，边缘有缺刻，两面有粗毛，花茎抽高后叶转为细长型，如柳叶状，边缘仍有尖缺刻。聚伞穗状花序，小筒状花着生于花茎顶部，顶生或腋生；花小，花朵由5瓣花瓣组成，群生在最顶端的花穗上；花冠呈紫红色或淡紫色，花色鲜艳。

主要用途：栽培供观赏。

马鞭草科

马鞭草属

白毛马鞭草 *Verbena stricta* Vent.

别　　名：兔子草、马鞭稍

识别要点：多年生草本植物。茎不分枝或仅上部分枝，密被硬毛。叶对生，无柄或近无柄，密被白色纤毛或硬毛，叶片上面具皱纹，叶脉在背面凸起。穗状花序单生于枝顶或数个在枝顶呈简单的聚伞状或圆锥状排列，花序基部被叶状苞叶包围；花两性，在花序轴上排列紧密；小苞片、花萼、花冠及花序轴上均密被白色纤毛或硬毛；花冠淡紫色。

主要用途：栽培供观赏。

郑州树木园植物图谱（草本卷）——马鞭草科

筋骨草 *Ajuga ciliata* Bunge

筋骨草属

别　　名：散血草、破血丹、青鱼胆草、苦草

识别要点：多年生直立草本植物。茎四棱形，幼嫩部分被灰白色长柔毛。叶柄基部抱茎。穗状聚伞花序顶生；苞叶大，叶状，边缘具缘毛；花萼漏斗状钟形，具 10 条脉，萼齿 5 个，整齐；花冠紫色，具蓝色条纹，近基部具毛环，冠檐二唇形，上唇短，直立，下唇增大，伸长，3 裂；雄蕊 4 枚，二强，稍超出花冠。小坚果背部具网状皱纹，果脐大。

主要用途：全草可入药。

水棘针 *Amethystea caerulea* L.

水棘针属

别　　名：细叶山紫苏、土荆芥

识别要点：茎四棱形。叶具柄，叶片 3 个深裂，稀不裂或 5 裂，边缘具齿。
苞叶与茎叶同形；小苞片具缘毛；花萼钟形，具 10 条脉，其中
5 条脉明显隆起，中间脉不明显；萼齿 5 个，边缘具缘毛；花冠
蓝色或紫蓝色，冠檐二唇形，上唇 2 裂，下唇 3 裂；雄蕊 4 枚，
前对能育，着生于下唇基部。小坚果背面具网状皱纹，腹面具棱。

主要用途：代荆芥药用。

活血丹属

活血丹 *Glechoma longituba* (Nakai) Kupr.

别　　名：连金钱、金钱草、连钱草、佛耳草、铍儿草

识别要点：多年生草本植物，具匍匐茎，逐节生根。全株除花外被疏散的倒向短柔毛。轮伞花序通常 2 朵花；苞片及小苞片线形，被缘毛；花萼管状；花冠淡蓝色、蓝色至紫色，下唇具深色斑点；冠檐二唇形，上唇直立，2 裂，下唇斜展，3 裂；雄蕊 4 枚，内藏，花药 2 室；子房 4 裂；花盘杯状，微斜，前方呈指状膨大。

主要用途：全草可入药。

夏至草 *Lagopsis supina* (Stephan ex Willd.) Ikonn. -Gal.

别　　名：白花益母、白花夏杜、夏枯草、灯笼棵

识别要点：茎四棱形，具沟槽，带紫红色，密被微柔毛，常在基部分枝。轮伞花序疏花，在枝条上部者较密集，在下部者较疏松，其上部被绵状毛；花冠白色，稀粉红色；冠檐二唇形，上唇直伸，比下唇长，全缘，下唇斜展，3个浅裂；雄蕊4枚，着生于冠筒中部稍下，不伸出；花药卵圆形，2室；花柱先端2个浅裂。

主要用途：全草可入药。

益母草 *Leonurus japonicus* Houttuyn

别　　名： 溪麻、野芝麻、铁麻干、益母花、九重楼、益母蒿

识别要点： 茎钝四棱形，微具槽，有倒向糙伏毛，多分枝。轮伞花序腋生，具 8~15 朵花，多数远离而组成长穗状花序；小苞片刺状，有贴生的微柔毛；花梗无；花萼管状钟形，外面有贴生微柔毛，内面于离基部 1/3 以上被微柔毛，5 条脉，显著，齿 5 个，前 2 个齿靠合。花冠粉红色至淡紫红色，冠檐二唇形；子房褐色，无毛。坚果长圆状三棱形。

主要用途： 全草可入药。

益母草属

郑州树木园植物图谱

唇形科

荆芥属

荆芥 *Nepeta cataria* L.

别　　名： 香薷、小荆芥、土荆芥、大茴香、薄荷

识别要点： 多年生植物。叶卵状至三角状心脏形，边缘具粗圆齿。花序为聚
伞状，下部的腋生，上部的组成顶生分枝圆锥花序；苞片、小苞
片钻形，细小；花冠白色，下唇有紫点，下唇中裂片凹陷，边缘
具向上内弯的大牙齿；冠檐二唇形；雄蕊内藏，花丝扁平，无毛；
花盘杯状，裂片明显；子房无毛。小坚果卵形，灰褐色。

主要用途： 幼嫩茎尖可作菜食；全草可入药。

郑州树木园植物图谱（草本卷）——唇形科

/ 229

紫苏 *Perilla frutescens* (L.) Britton

紫苏属

别　　名：野薷麻、水升麻、野苏、香苏、鸡苏、青苏

识别要点：一年生草本植物，有香味。叶绿色或常带紫色或紫黑色，具齿。轮伞花序2朵花，组成顶生和腋生、偏向于一侧的总状花序，每花有苞片1片；花萼钟形，内面喉部有疏柔毛环；花冠白色至紫红色，冠筒短，长2~2.5毫米，喉部斜钟形；冠檐近二唇形，上唇微缺，下唇3裂；雄蕊4枚，近相等或前对稍长。小坚果有网纹。

主要用途：茎叶及种子可药用；叶可食用；种子榨油可供食用及工业使用。

唇形科

鼠尾草属

林荫鼠尾草 *Salvia nemorosa* L.

别　　名: 森林鼠尾草、林地鼠尾草

识别要点: 多年生草本植物,株高 50~90 厘米。叶长椭圆状或近披针形,叶面皱,先端尖,具柄。轮伞花序再组成穗状花序,长达 30~50 厘米,花冠二唇形,略等长,下唇反折;能育雄蕊 2 枚,生于冠筒喉部的前方,花丝短;退化雄蕊 2 枚,生于冠筒喉部的后边,呈棍棒状或小点。花柱直伸,先端 2 个浅裂;子房 4 个全裂。

主要用途: 庭园栽培供观赏。

荔枝草 *Salvia plebeia* R. Br.

唇形科

鼠尾草属

别　　名： 蛤蟆皮、土荆芥、猴臂草、劫细、大塔花、鱼味草

识别要点： 一年生或二年生草本植物。叶全部为单叶。花萼钟形，外面被疏柔毛，散布黄褐色腺点，内面喉部有微柔毛；花冠淡红色、淡紫色、紫色、蓝紫色至蓝色，稀白色，冠筒外面无毛，内面中部有毛环；冠檐二唇形；能育雄蕊 2 枚，着生于下唇基部，药隔长约 1.5 毫米，弯成弧形，上臂和下臂等长，上臂具药室，二下臂不育，膨大，互相联合。

主要用途： 全草可入药。

郑州树木园植物图谱

一串红 *Salvia splendens Ker-Gawler*

鼠尾草属

别　　名：爆仗红、炮仔花、象牙海棠、墙下红、西洋红

识别要点：亚灌木状草本植物。叶两面无毛。轮伞花序 2~6 朵花，组成顶生总状花序；苞片卵圆形，红色；花冠筒状，长 4~4.2 厘米，红色，花冠筒直伸；冠檐二唇形，上唇直伸，略内弯；能育雄蕊 2 枚，近外伸，花丝长约 5 毫米，药隔长约 1.3 厘米，近伸直，上下臂近等长，上臂药室发育，下臂药室不育，下臂粗大，不联合；退化雄蕊短小；花盘等大。

主要用途：栽培供观赏。

彩苞鼠尾草 *Salvia viridis* L.

别　　名： 彩顶鼠尾草、彩绘鼠尾草

识别要点： 一年生或多年生草本植物，株高 40~60 厘米。叶对生，长椭圆形，色灰绿，叶表有凹凸状织纹，叶缘具睫毛，有香味。总状花序；花梗具毛，上部具纸质苞片；花冠蓝紫色，唇瓣浅粉色；能育雄蕊 2 枚，生于冠筒喉部的前方，花丝短；退化雄蕊 2 枚，生于冠筒喉部的后边，呈棍棒状；花柱直伸，先端 2 个浅裂。坚果紫色，有深色条纹。

主要用途： 庭园栽培供观赏；花可泡茶。

通泉草 *Mazus pumilus* (N. L. Burman) Steenis

别　　名：脓泡药、汤湿草、猪胡椒、野田菜

识别要点：茎圆柱形或稍有棱角，完全草质，直立或倾卧而节上生根。总状
花序生于茎、枝顶端，常在近基部即生花，伸长或上部呈束状，
通常 3~20 朵，花稀疏；花梗在果期长达 10 毫米，上部的较短；
花萼钟状，萼片与萼筒近等长，卵形，端急尖，脉不明显；花冠
白色、紫色或蓝色，上唇裂片卵状三角形，下唇中裂片较小；子
房无毛。

主要用途：全草可入药。

通泉草科

通泉草属

郑州树木园植物图谱（草本卷）——通泉草科

地黄 *Rehmannia glutinosa* (Gaertn.) Libosch. ex Fisch. & C. A. Mey.

别　　名： 怀庆地黄、生地

识别要点： 密被灰白色长柔毛和腺毛。根茎肉质，鲜时黄色。具基生叶与茎生叶。萼具 10 条隆起的脉；萼齿 5 个；花冠筒外面紫红色，被多细胞长柔毛；花冠裂片 5 片，先端钝或微凹，内面黄紫色，外面紫红色，两面均被多细胞长柔毛；雄蕊 4 枚；药室矩圆形，基部叉开，而使两药室常排成一直线；花柱顶部扩大成 2 个片状柱头。

主要用途： 根茎可药用。

桔梗 *Platycodon grandiflorus* (Jacq.) A. DC.

桔梗属

别　　名： 铃铛花、包袱花

识别要点： 多年生草本植物，有白色乳汁。根胡萝卜状。叶全部轮生，上面无毛而绿色，下面常无毛而有白粉。花单朵顶生，或数朵集成假总状花序，或有花序分枝而集成圆锥花序；花萼筒部半圆球状或圆球状倒锥形，被白粉，裂片三角形，或狭三角形，有时齿状；花冠大，长 1.5~4.0 厘米，蓝色或紫色。蒴果球状，长 1~2.5 厘米，直径约 1 厘米。

主要用途： 根可入药。

菊科

蓍属

蓍 *Achillea millefolium* L.

别　　名： 蚰蜒草、千叶蓍

识别要点： 多年生草本植物，具细的匍匐根茎。茎直立，通常被白色长柔毛。叶无柄，披针形、矩圆状披针形或近条形，二至三回羽状全裂，叶轴宽 1.5~2 毫米。头状花序多数，舌片近圆形，白色、粉红色或淡紫红色；盘花两性，管状，黄色，5 个齿裂，外面具腺点。瘦果矩圆形，长约 2 毫米，淡绿色，有狭窄淡白色边肋，无冠状冠毛。

主要用途： 庭园栽培供观赏。叶、花含芳香油，可作调香原料；全草可入药。

郑州树木园植物图谱

藿香蓟 *Ageratum conyzoides* L.

藿香蓟属

别　　名：臭草、胜红蓟、白花草

识别要点：无明显主根。全部茎枝被白色尘状短柔毛或上部被开展的长绒毛。叶常有腋生的不发育的叶芽。全部叶基部钝或宽楔形，顶端急尖，边缘圆锯齿，两面被白色稀疏的短柔毛且有黄色腺点。头状花序在茎顶排成通常紧密的伞房状花序；花梗被尘球短柔毛；总苞片2层，外面无毛，边缘撕裂。花冠檐部5裂，淡紫色。瘦果黑褐色，5条棱。

主要用途：全草可入药。

菊科

蒿属

黄花蒿 *Artemisia annua* L.

别　　名：草蒿、青蒿、臭蒿、犹蒿、黄蒿

识别要点：一年生草本植物。茎、枝、叶两面及总苞片背面无毛或初时背面微有极稀疏短柔毛，后脱落无毛。中部叶二至三回栉齿状的羽状分裂，每侧裂片4~10片，叶背黄绿色，微有白色腺点。头状花序球形，在分枝上排成总状或复总状花序，并在茎上组成开展、尖塔形的圆锥花序；两性花花柱近与花冠等长，先端二叉。

主要用途：全草可入药，也可作饲料。

郑州树木园植物图谱

茵陈蒿 *Artemisia capillaris* Thunb.

蒿属

别　　名：茵陈、绵茵陈、白茵陈、家茵陈、绒蒿

识别要点：主根明显木质。茎分枝多，开展。基生叶与茎下部叶二至三回羽状全裂，小裂片长 0.5~1 厘米，小裂片狭线形、狭线状披针形或近钻形，宽 1.5 毫米以下。头状花序的总苞片先端不反卷；中央花两性，但不孕育；花冠管状；花药线形，先端附属物尖，长三角形，基部圆钝；花柱短，上端棒状，2 裂，不叉开；退化子房极小。

主要用途：嫩苗与幼叶可入药；鲜草或干草可作家畜饲料。

牛尾蒿 *Artemisia dubia* Wall. ex Bess.

蒿属

别　　名：荻蒿、紫杆蒿、水蒿、艾蒿、米蒿、指叶蒿

识别要点：茎分枝多而长。茎中部叶指状 3 个深裂或规整的 5 个深裂，叶背面被宿存、微带绢质的短柔毛，叶的小裂片略宽，宽 1.5 毫米以上，边全缘。头状花序在茎上组成开展、多分枝的圆锥花序；两性花不孕育；花冠管状；花药线形，先端附属物尖，长三角形，基部圆钝；花柱短，先端稍膨大，2 裂，不叉开。

主要用途：全草可入药。

郑州树木园植物图谱

菊科

蒿属

灰莲蒿 *Artemisia gmelinii* var. *incana* (Besser) H. C. Fu

别　　名：万年蒿、万年蓬、铁秆蒿、供蒿

识别要点：茎分枝多且长。叶二至三回栉齿状的羽状分裂，叶面初时被灰白色短柔毛，后毛脱落，背面密被灰白色短柔毛；中部叶的末回小裂片具锯齿或细小栉齿。头状花序近球形；花序托无托毛；外、中层总苞片背面草质，常有绿色中肋；两性花可育，花冠管状，花柱与花冠管近等长。

主要用途：可作饲料；全草可入药。

五月艾 *Artemisia indica* Willd.

别　　名：艾、野艾蒿、生艾、草蓬、白蒿

识别要点：叶无腺点，背面密被灰白色蛛丝状绒毛；中部叶每侧具裂片3（4）片，常为大头羽状分裂，第二回为浅裂齿。头状花序卵形、长卵形或宽卵形，在分枝上排成穗状花序式的总状花序或复总状花序，在茎上再组成开展或中等开展的圆锥花序，花序托无托毛；总苞片背面近无毛；雌花花冠狭管状，具2~3个裂齿；两性花花柱略比花冠长。

主要用途：嫩苗作菜蔬或腌制成酱菜；全株可入药。

蒿属

蒿属

蒙古蒿 *Artemisia mongolica* (Fisch. ex Bess.) Nakai

别　　名：蒙蒿、狭叶蒿、狼尾蒿、水红蒿

识别要点：茎、枝被灰白色蛛丝状柔毛。叶无腺点；中部叶二回羽状分裂，第一回全裂，每侧裂片 2~3 片。头状花序椭圆形，在分枝上排成密集的穗状花序；花序托无托毛；外层、中层苞片背面密被灰白色蛛丝状毛；雌花花冠狭管状，檐部具 2 个裂齿；两性花花柱先端二叉。

主要用途：全草可入药，作艾（家艾）的代用品；这种植物可提取芳香油；全株可作牲畜饲料，又可作造纸的原料。

狗娃花 *Aster hispidus* **Thunb.**

紫菀属

别　　名：狗哇花、斩龙戟

识别要点：植株绿色。茎被短贴毛，从基部分枝，头状花序单生于枝端。叶条状披针形或匙形。头状花序单生于枝端而排列成伞房状；总苞半球形；总苞片2层，条状披针形，背面常有腺点；舌状花30余朵，舌片浅红色或白色，条状矩圆形；管状花花冠长5~7毫米，管部长1.5~2毫米。瘦果倒卵形，扁，有细边肋，被密毛。

主要用途：可作饲料。

全叶马兰 *Aster pekinensis* (Hance) Kitag.

紫菀属

别　　名： 全叶鸡儿肠

识别要点： 叶条状披针形或矩圆形，有时倒披针形，全缘，两面被粉状密短毛。头状花序单生于枝端且排成疏伞房状。总苞半球形；总苞片3层，覆瓦状排列，外层近条形，内层矩圆状披针形，顶端尖，上部单质，有短粗毛及腺点；舌状花1层，20余朵，有毛；舌片淡紫色。管状花花冠长3毫米，有毛。瘦果倒卵形，浅褐色，带冠毛。

主要用途： 可作饲料。

菊科

鬼针草属

鬼针草 *Bidens pilosa* L.

别　　名： 盲肠草、豆渣草、对叉草、蟹钳草

识别要点： 叶通常为三出复叶，无毛或被极稀疏的柔毛。总苞基部被短柔毛，苞片7~8片，条状匙形，上部稍宽，开花时长3~4毫米，果时长至5毫米，草质，外层托片披针形，果时长5~6毫米，干膜质，背面褐色，具黄色边缘，内层较狭，条状披针形；无舌状花，盘花筒状，长约4.5毫米，冠檐5个齿裂。瘦果条形，顶端芒刺3~4个。

主要用途： 全草可入药。

郑州树木园植物图谱

白花鬼针草 *Bidens pilosa* L. var. *radiata* (Sch. Bip.) J. A. Schmidt

菊科

鬼针草属

别　　名： 金盏银盘

识别要点： 叶通常为三出复叶，无毛或被极稀疏的柔毛。总苞基部被短柔毛，苞片 7~8 片，条状匙形，上部稍宽，开花时长 3~4 毫米，果时长至 5 毫米，草质，外层托片披针形，果时长 5~6 毫米，干膜质，背面褐色，具黄色边缘，内层较狭，条状披针形；舌状花 5~7 朵，舌片椭圆状倒卵形，白色。瘦果条形，顶端芒刺 3~4 个。

主要用途： 全草可入药。

郑州树木园植物图谱（草本卷）——菊科

/ 249

菊科

鬼针草属

狼耙草 *Bidens tripartita* L.

别　　名： 鬼叉、鬼针、鬼刺、夜叉头

识别要点： 茎中部叶羽状深裂。头状花序单生于茎端及枝端，具较长的花序梗；总苞盘状，外层苞片 5~9 片，具缘毛，内层苞片膜质，有纵条纹，具透明或淡黄色的边缘；托片条状披针形，约与瘦果等长，背面有褐色条纹，边缘透明。无舌状花，全为筒状两性花，冠檐 4 裂。瘦果扁，楔形或倒卵状楔形，顶端芒刺通常 2 个，极少 3~4 个。

主要用途： 全草可入药。

金盏花 *Calendula officinalis* L.

别　　名：金盏菊、盏盏菊

识别要点：一年生草本植物，高 20~75 厘米，通常自茎基部分枝。基生叶长
圆状倒卵形或匙形，具柄，茎生叶长圆状披针形或长圆状倒卵形，
无柄。头状花序单生于茎枝端，直径 4~5 厘米，总苞片 1~2 层，
披针形或长圆状披针形，小花黄色或橙黄色，长于总苞的 2 倍；
花柱线形 2 裂，柱头不分裂。瘦果全部弯曲，外层的瘦果大半内弯。

主要用途：庭园栽培供观赏。

天名精 *Carpesium abrotanoides* L.

天名精属

别　　名： 地菘、天蔓青、野烟叶

识别要点： 多年生粗壮草本植物。茎圆柱状，下部木质，近于无毛，上部密被短柔毛，有明显的纵条纹，多分枝。茎下部叶广椭圆形或长椭圆形，基部楔形，下面密被短柔毛。头状花序生于茎端及沿茎、枝生于叶腋，近无梗，呈穗状花序式排列；花序梗较粗，顶端明显增大；外层苞片卵圆形，先端钝或短渐尖；两性花筒状，长2~2.5毫米。

主要用途： 全草供药用。

矢车菊属

矢车菊 *Centaurea cyanus* L.

别　　名： 蓝芙蓉、车轮花

识别要点： 全部茎枝灰白色，被薄蛛丝状卷毛。全部苞片顶端有浅褐色或白
色的附属物，全部附属物边缘有流苏状锯齿；边花增大，超长于
中央盘花，蓝色、白色、红色或紫色，檐部 5~8 裂，盘花浅蓝色
或红色。瘦果椭圆形，有细条纹，被稀疏的白色柔毛。冠毛白色
或浅土红色，2 列，外列多层，向内层渐长，长达 3 毫米，内列
1 层，极短。

主要用途： 栽培供观赏，为蜜源植物。全草可入药。

菊科

菊属

菊花 *Chrysanthemum* × *morifolium* (Ramat.) Hemsl.

别　　名：小白菊、小汤黄、杭白菊、滁菊、白菊花

识别要点：多年生草本植物。茎直立，分枝或不分枝，被柔毛。叶卵形至披针形，羽状浅裂或半裂，有短柄，叶下面被白色短柔毛。头状花序直径 2.5~20 厘米，大小不一，单生或数个集生于茎枝顶端；总苞片多层，绿色，线形，边缘膜质，外层外面被柔毛；舌状花颜色多种；管状花黄色。瘦果不发育。

主要用途：栽培供观赏。花可入药。

郑州树木园植物图谱

甘菊 *Chrysanthemum lavandulifolium* (Fisch. ex Trautv.) Makino

别　　名：野菊、甘野菊

识别要点：叶二回羽状分裂，一回全裂或几全裂，二回为半裂或浅裂，两面同色或几同色，被稀疏或稍多的柔毛或上面几无毛。头状花序直径 2~4 厘米，单生茎顶，稀茎生 2~3 个头状花序；总苞片 4 层，边缘棕褐色或黑褐色宽膜质，外层线形、长椭圆形或卵形，长 5~9 毫米，中内层长卵形、倒披针形，长 6~8 毫米，中外层背面疏被长柔毛。

主要用途：花可入药。

菊科

菊属

毛叶甘菊 *Chrysanthemum lavandulifolium* var. *tomentellum* Hand. -Mazz.

别　　名： 野菊花

识别要点： 叶二回羽状分裂，一回全裂或几全裂，二回为半裂或浅裂，下面被稠密的灰白色长柔毛或短柔毛。头状花序直径 2~4 厘米，单生于茎顶，极少茎生 2~3 个头状花序；总苞片 4 层，草质，边缘棕褐色或黑褐色宽膜质，外层线形、长椭圆形或卵形，长 5~9 毫米，中内层长卵形、倒披针形，长 6~8 毫米；舌状花舌片长 5~7.5 毫米。

主要用途： 花可入药。

菊苣 *Cichorium intybus* L.

别　　名：蓝花菊苣

识别要点：多年生草本植物。基生叶莲座状，花期生存，基部渐狭有翼柄；茎生叶无柄，基部圆形或戟形扩大半抱茎。头状花序多数，单生或数个集生于茎顶或枝端；总苞片2层，外层披针形，草质，边缘有长缘毛，内层总苞片线状披针形，长达1.2厘米。舌状小花蓝色，长约14毫米，有色斑。瘦果具3~5条棱，顶端截形，向下收窄，冠毛极短。

主要用途：嫩叶可食用；根可药用。

剑叶金鸡菊 *Coreopsis lanceolata* L.

别　　名： 线叶金鸡菊、大金鸡菊

识别要点： 多年生草本植物。茎上部有分枝。下部叶全缘，匙形或线状倒披针形；茎上部叶全缘或 3 深裂。头状花序在茎端单生，直径 4~5 厘米；总苞片内外层近等长；披针形，长 6~10 毫米，顶端尖；舌状花黄色，舌片倒卵形或楔形；管状花狭钟形。瘦果圆形，边缘有薄膜质的翅，稍内凹，内面常有胼胝体。

主要用途： 庭园栽培供观赏。

菊科

秋英属

秋英 *Cosmos bipinnatus* Cav.

别　　名：格桑花、扫地梅、波斯菊
识别要点：叶对生，叶二回羽状深裂，裂片线形或丝状线形。头状花序单
生；总苞片外层披针形或线状披针形，近革质，具深紫色条纹，
长 1~1.5 厘米，内层椭圆状卵形，膜质；舌状花紫红色、粉红色
或白色，舌片椭圆状倒卵形，长 2~3 厘米；管状花黄色，长 6~8
毫米，管部短，上部圆柱形，有披针状裂片。瘦果黑紫色，上端
具长喙，有 2~3 个尖刺。
主要用途：栽培供观赏；全草可药用。

尖裂假还阳参 *Crepidiastrum sonchifolium* (Maxim.) Pak & Kawano

假还阳参属

别　　名： 抱茎苦荬菜、猴尾草、鸭子食、盘尔草、秋苦荬菜

识别要点： 基生叶莲座状，有叶柄，花期枯萎脱落，中下部茎叶基部扩大，圆耳状抱茎。头状花序多数，在茎枝顶端排成伞房状花序；总苞片 2~3 层，外层及最外层极短，卵形，长宽不足 0.5 毫米，内层长椭圆形或披针状长椭圆形，长 4.5~5.5 毫米，顶端钝或急尖；舌状小花黄色。瘦果圆柱形，微扁，有 10 条高起纵肋。冠毛白色，微糙毛状。

主要用途： 全草可入药。

松果菊 *Echinacea purpurea* (L.) Moench

菊科

松果菊属

别　　名： 紫锥菊、紫锥花

识别要点： 多年生草本植物，高 50~150 厘米。全株有粗毛，茎直立。基生叶卵形或三角形，茎生叶卵状披针形，叶柄基部稍抱茎，叶缘具锯齿。头状花序单生于枝顶，或多数聚生；花大，直径可达10 厘米，花的中心部位凸起，呈球形，球上为管状花，橙黄色。种子浅褐色，外皮硬。

主要用途： 栽培供观赏；可供药用。

鳢肠 *Eclipta prostrata* (L.) L.

鳢肠属

别　　名： 凉粉草、墨汁草、墨旱莲、旱莲草

识别要点： 一年生草本植物，通常自基部分枝，被贴生糙毛。叶对生，长圆状披针形或披针形。头状花序常生于枝端或叶腋；总苞片2层，草质；外围的雌花2层，舌状，舌片短，顶端2个浅裂或全缘，中央的两性花多数，花冠管状，白色，顶端4个齿裂；花柱分枝钝，有乳头状突起；花托凸；雌花的瘦果三棱形，两性花的瘦果扁四棱形。

主要用途： 全草可入药。

一年蓬 *Erigeron annuus* (L.) Pers.

飞蓬属

别　　名：治疟草、千层塔

识别要点：茎粗壮，高 30~100 厘米，基部直径 6 毫米，直立，上部有分枝，绿色，下部被开展的长硬毛，上部被较密的上弯的短硬毛。基部叶花期枯萎。头状花序数个或多数，排列成疏圆锥花序；总苞片 3 层，草质，背面密被腺毛和疏长节毛；雌花舌状，2 层，有一层极短的环状的膜质小冠；两性花外层鳞片状，内层为 10~15 条刚毛。

主要用途：全草可入药。

香丝草 *Erigeron bonariensis* L.

别　　名： 蓑衣草、野地黄菊、野塘蒿

识别要点： 植株灰绿色，被贴生短毛和疏长毛；茎高 20~50 厘米。茎叶狭披针形或线形。头状花序较多数，排成总状或总状圆锥花序，直径8~10 毫米；总苞长约 5 毫米；花托稍平，有明显的蜂窝孔，直径 3~4 毫米；雌花多层，白色，花冠细管状，无舌片或顶端仅有3~4 个细齿；两性花淡黄色，花冠管状，管部上部被疏微毛，上端具 5 个齿裂。

主要用途： 全草可入药。

小蓬草 *Erigeron canadensis* L.

别　　名： 小飞蓬、飞蓬、加拿大蓬、小白酒草、蒿子草

识别要点： 植株绿色，被疏长硬毛。叶两面或仅上面被疏短毛，边缘常被上弯的硬缘毛。头状花序小，直径 3~4 毫米；总苞片 2~3 层，外层约短于内层之半，背面被疏毛，内层边缘干膜质，无毛；雌花多数，舌状，白色，顶端具 2 个钝小齿；两性花淡黄色，花冠管状，上端具 4 个或 5 个齿裂，管部上部被疏微毛。冠毛污白色，1 层。

主要用途： 嫩茎、叶可作猪饲料；全草可入药。

春飞蓬 *Erigeron philadelphicus* L.

飞蓬属

别　　名: 春一年蓬、费城飞蓬

识别要点: 茎直立，绿色，上部有分枝，全体被开展的长硬毛或短硬毛。叶互生，基生叶莲座状，叶柄基部常带紫红色，茎生叶半抱茎。头状花序数枚，排成伞房或圆锥状花序；总苞片3层，草质，淡绿色，边缘半透明，中脉褐色，背面被毛；舌状花2层，雌性，白色略带粉红色；管状花两性，黄色。雌花瘦果具冠毛1层；两性花瘦果具冠毛2层。

主要用途: 为地被植物。

白头婆 *Eupatorium japonicum* Thunb.

别　　名：泽兰

识别要点：多年生草本植物。叶对生，椭圆形、长椭圆形或披针形，羽状脉，两面粗涩；叶柄长 1~2 厘米。头状花序在茎顶或枝端排成紧密的伞房花序；总苞钟状，长 5~6 毫米，含 5 朵小花；总苞片覆瓦状排列，3 层；全部苞片绿色或带紫红色，顶端钝或圆形；花白色或带红紫色或粉红色，花冠外面有较稠密的黄色腺点。瘦果有腺点，无毛。

主要用途：栽培供观赏；全草可药用。

菊科

天人菊属

天人菊 *Gaillardia pulchella* Foug.

别　名： 老虎皮菊、虎皮菊

识别要点： 一年生草本植物。茎中部以上多分枝，被短柔毛或锈色毛。叶两面被伏毛。头状花序直径 5 厘米；总苞片披针形，长 1.5 厘米，边缘有长缘毛，背面有腺点，基部密被长柔毛；舌状花黄色，基部带紫色，舌片宽楔形，长 1 厘米，顶端 2~3 裂；管状花裂片三角形，顶端渐尖成芒状，被节毛。瘦果长 2 毫米，基部被长柔毛。

主要用途： 庭园栽培供观赏。

向日葵 *Helianthus annuus* L.

别　　名： 丈菊

识别要点： 一年生高大草本植物。茎直立，粗壮，被白色粗硬毛。叶互生，有三基出脉，边缘有粗锯齿，两面被短糙毛，有长柄。头状花序极大，单生于茎端或枝端，常下倾。总苞片多层，叶质，覆瓦状排列；舌状花多数，黄色，舌片开展，不结实；管状花有披针形裂片，结果实。

主要用途： 栽培供观赏。种子含油量很高，油供食用；花穗、种子皮壳及茎秆可作饲料及工业原料；花穗可药用。

向日葵属

菊芋 *Helianthus tuberosus* L.

别　　名： 番羌、洋羌、五星草、菊诸、洋姜、芋头

识别要点： 多年生草本植物，有块状地下茎。叶柄具翅。头状花序较大，生于枝端，有1~2个线状披针形的苞叶，直立；总苞片多层，披针形，顶端长渐尖，背面被短伏毛，边缘被开展的缘毛；托片长圆形，背面有肋，上端不等3浅裂；舌状花通常12~20朵，舌片黄色，开展；管状花花冠黄色。瘦果小，楔形，上端有2~4个有毛的锥状扁芒。

主要用途： 块茎可食，也可制菊糖及酒精；新鲜的茎、叶可作青贮饲料。

旋覆花 *Inula japonica* Thunb.

别　　名： 猫耳朵、六月菊、金佛草、金钱花

识别要点： 多年生草本植物。叶长圆形、长圆状披针形或披针形，常有圆形半抱茎的小耳，下面有疏伏毛和腺点。总苞片6层，线状披针形，近等长；外层有缘毛；内层有腺点和缘毛；舌状花黄色，较总苞长2~2.5倍；舌片线形；管状花花冠长约5毫米，有三角披针形裂片；冠毛1层，与管状花近等长。瘦果圆柱形，有10条沟，顶端截形。

主要用途： 根、叶和花可药用。

麻花头 *Klasea centauroides* (L.) Cass.

麻花头属

别　　名：北京麻花头

识别要点：多年生草本植物。叶两面粗糙，两面被多细胞长节毛或短节毛。总苞直径 1.5~2 厘米，上部有收缢或稍见收缢；苞片有长 2.5 毫米的短针刺或刺尖；全部小花红色、红紫色或白色，花冠长 2.1 厘米，细管部长 9 毫米，檐部长 1.2 厘米，花冠裂片长 7 毫米。瘦果楔状长椭圆形，褐色，有 4 条高起的肋棱。

主要用途：为观赏植物、中等饲用植物。

野莴苣 *Lactuca serriola* L.

别　　名： 银齿莴苣、毒莴苣、刺莴苣、阿尔泰莴苣

识别要点： 茎单生，直立，无毛或有时有白色茎刺。全部叶基部箭头形，下面沿中脉常有淡黄色的刺毛。头状花序多数，有 7~15 朵舌状小花；总苞片 5 层，全部总苞片外面无毛。舌状小花 7~15 朵，黄色。瘦果倒披针形，基部无附属物，每面有 6~10 条高起的细肋，顶端急尖呈细丝状的喙，喙长 5 毫米。

主要用途： 无。

滨菊 *Leucanthemum vulgare* Lam.

滨菊属

别　　名： 西洋菊、牛眼菊、法兰西菊

识别要点： 多年生草本植物，高 15~80 厘米。茎直立，通常不分枝。基生叶花期生存，基部楔形，渐狭成长柄，柄长于叶片自身，上部叶渐小，有时羽状全裂，叶两面无毛。头状花序单生于茎顶，有长花梗；总苞直径 10~20 毫米；全部苞片无毛，边缘白色或褐色膜质；舌片长 10~25 毫米。瘦果长 2~3 毫米。

主要用途： 花可泡茶。

毛连菜 *Picris hieracioides* L.

别　　名：枪刀菜

识别要点：二年生草本植物，根垂直直伸，粗壮。茎直立，有纵沟纹，被亮色分叉的钩状硬毛。基生叶花期枯萎脱落；中部和上部茎叶无柄，基部半抱茎；全部茎叶两面特别是沿脉被亮色的钩状分叉的硬毛。头状花序较多数；总苞圆柱状钟形；总苞片 3 层；舌状小花黄色，冠筒被白色短柔毛。瘦果纺锤形，长约 3 毫米，有纵肋，肋上有横皱纹。

主要用途：全草可入药。

鼠曲草 *Pseudognaphalium affine* (D. Don) Anderb.

鼠曲草属

别　　名：田艾、清明菜、拟鼠麴草、鼠麴草

识别要点：一年生草本植物。茎直立或基部有匍匐或斜上分枝，被白色厚棉毛。叶片匙状倒披针形或倒卵状匙形。头状花序在枝顶密集成伞房状；总苞片 2~3 层，金黄色或柠檬黄色，背面基部被棉毛，顶端圆，内层长匙形，背面通常无毛；雌花多数，花冠细管状，花冠顶端扩大，3 个齿裂；两性花管状，檐部 5 个浅裂。冠毛基部联合成 2 束。

主要用途：茎叶可入药。

漏芦 *Rhaponticum uniflorum* (L.) DC.

别　　名： 和尚头、大口袋花、牛馒土、郎头花

识别要点： 多年生草本植物。茎直立，不分枝。头状花序单生于茎顶；总苞半球形，总苞片约9层，向内层渐长，顶端有膜质附属物；全部小花两性，管状，花冠紫红色，长3.1厘米，花冠裂片长8毫米。瘦果3~4条棱，楔状，长4毫米，宽2.5毫米，顶端有果缘，果缘边缘有细尖齿，侧生在着生面。冠毛褐色，多层，向内层渐长。

主要用途： 根及根状茎可入药。

漏芦属

黑心菊 *Rudbeckia hirta* L.

金光菊属

别　　名：黑眼菊、黑心金光菊

识别要点：茎不分枝或上部分枝，全株被粗刺毛。叶不分裂，边缘有细锯齿。头状花序直径 5~7 厘米，有长花序梗；总苞片外层长圆形，长 12~17 毫米，全部被白色刺毛；花托圆锥形；托片线形，对折呈龙骨瓣状，边缘有纤毛；舌状花鲜黄色；舌片长圆形，顶端有 2~3 个不整齐短齿；管状花暗褐色或暗紫色。瘦果四棱形，黑褐色，无冠毛。

主要用途：庭园栽培供观赏。

千里光 *Senecio scandens* Buch. -Ham. ex D. Don

千里光属

别　　名： 蔓黄菀、九里明

识别要点： 多年生攀缘草本植物。叶具柄，通常具浅齿或深齿，稀全缘。头状花序，花序分枝及花序梗宽分叉；总苞圆柱状钟形，具外层苞片；总苞片12~13片，上端和上部边缘有缘毛状短柔毛，背面具3条脉；舌状花8~10朵；舌片黄色，具3个细齿，具4条脉；管状花多数；花冠黄色，檐部漏斗状；裂片卵状长圆形，上端有乳头状毛。瘦果被柔毛；冠毛白色。

主要用途： 全草可药用。

腺梗豨莶 *Sigesbeckia pubescens* Makino

别　　名： 毛豨莶、棉苍狼、珠草

识别要点： 茎分枝非二歧状，被开展的灰白色长柔毛和糙毛。叶对生，中部以上叶卵圆形或卵形，基部宽楔形，下延成具翼的柄，有尖头状规则或不规则粗齿；头状花序多数聚生于枝端；花梗较长，密生紫褐色头状具柄腺毛和长柔毛；总苞片2层，叶质，背面密生紫褐色头状具柄腺毛。瘦果倒卵圆形，4条棱，顶端有灰褐色环状突起。

主要用途： 全草供药用。

加拿大一枝黄花 *Solidago canadensis* L.

一枝黄花属

别　　名： 麒麟草、幸福草、黄莺、金棒草

识别要点： 多年生草本植物，有长根状茎。茎直立，高达 2.5 米。叶披针形或线状披针形，长 5~12 厘米。头状花序很小，长 4~6 毫米，在花序分枝上单面着生，多数弯曲的花序分枝与单面着生的头状花序形成开展的圆锥状花序；总苞片线状披针形，长 3~4 毫米；边缘舌状花很短。瘦果近圆柱形。

主要用途： 栽培供观赏。

续断菊 *Sonchus asper* (L.) Hill.

苦苣菜属

别　　名： 花叶滇苦菜

识别要点： 根倒圆锥状，褐色，垂直直伸。上部茎叶披针形，不裂，圆耳状抱茎；下部叶或全部茎叶羽状浅裂、半裂或深裂。全部叶及裂片与抱茎的圆耳边缘有尖齿刺。总苞宽钟状；总苞片 3~4 层，向内层渐长，覆瓦状排列，外层长披针形或长三角形，中内层长椭圆状披针形至宽线形；舌状小花黄色。瘦果两面各有 3 条细纵肋，肋间无横皱纹。

主要用途： 花可泡茶。

苦苣菜 *Sonchus oleraceus* L.

别　　名： 滇苦荬菜

识别要点： 根圆锥状，有多数纤维状的须根。基生叶基部渐狭呈长或短的翼柄，基部半抱茎，两面光滑毛，质地薄。头状花序；总苞片 3~4 层，覆瓦状排列，向内层渐长，全部总苞片顶端长急尖，外面无毛或外层或中内层上部沿中脉有少数头状具柄的腺毛；舌状小花多数，黄色。瘦果褐色，每面各有 3 条细脉，肋间有横皱纹。

主要用途： 嫩茎叶可食。

菊科

苦苣菜属

全叶苦苣菜 *Sonchus transcaspicus* Nevski

别　　名：苦麻菜、苦菜

识别要点：基生叶与茎生叶同形，无柄，两面光滑无毛，不分裂。头状花序
少数或多数在茎枝顶端排成伞房花序；总苞钟状；总苞片 3~4 层，
外层披针形或三角形，中内层渐长，长披针形或长椭圆状披针形，
全部总苞片顶端急尖或钝，外面光滑无毛；舌状小花多数，黄色
或淡黄色。瘦果每面有 5 条高起的纵肋，肋间有横皱纹。

主要用途：嫩茎叶可食。

钻叶紫菀 *Symphyotrichum subulatum* (Michx.) G. L. Nesom

联毛紫菀属

别　　名： 钻形紫菀

识别要点： 一年生草本植物，全株光滑无毛。茎单一，直立，茎和分枝具粗棱，基生叶在花期凋落；茎生叶多数，两面绿色，光滑无毛，中脉在背面凸起。头状花序极多数；总苞钟形；总苞片外层披针状线形，内层线形，边缘膜质；雌花花冠舌状，舌片淡红色、红色、紫红色或紫色；两性花花冠管状，冠管细。瘦果线状长圆形，稍扁。

主要用途： 全草可药用。

万寿菊 *Tagetes erecta* L.

万寿菊属

别　名：西番菊、红黄草、臭芙蓉、孔雀草

识别要点：叶羽状分裂，裂片长椭圆形或披针形。头状花序单生，直径 5~8 厘米，花序梗顶端棍棒状膨大；总苞长 1.8~2 厘米，宽 1~1.5 厘米，杯状，顶端具齿尖；舌状花黄色或暗橙色，舌片倒卵形，长 1.4 厘米，宽 1.2 厘米，基部收缩成长爪，顶端微弯缺；管状花花冠黄色，长约 9 毫米，顶端具 5 个齿裂。瘦果线形，基部缩小，黑色或褐色。

主要用途：栽培供观赏。

鸦葱 *Takhtajaniantha austriaca* (Willd.) Zaika, Sukhor. & N. Kilian

鸦葱属

别　　名: 蒙古鸦葱、叉枝鸦葱

识别要点: 多年生草本植物。茎多数，簇生，不分枝，光滑无毛。头状花序单生于茎端；总苞圆柱状，直径 1~2 厘米；总苞片 5 层，外层三角形或卵状三角形，中层偏斜披针形或长椭圆形，内层线状长椭圆形，全部总苞片外面光滑无毛，顶端急尖、钝或圆形；舌状小花黄色。瘦果圆柱状，有多数纵肋，无毛，无脊瘤。

主要用途: 根可入药。

蒲公英 *Taraxacum mongolicum* Hand. -Mazz.

别　　名：黄花地丁、婆婆丁、灯笼草、姑姑英、地丁

识别要点：多年生草本植物。叶无紫色斑点。总苞钟状，淡绿色；总苞片
　　　　　　2~3层，外层总苞片卵状披针形或披针形，基部淡绿色，上部紫
　　　　　　红色，先端增厚或具小到中等的角状突起；内层总苞片线状披针
　　　　　　形，先端紫红色，具小角状突起；舌状花黄色，边缘花舌片背面
　　　　　　具紫红色条纹，花药和柱头暗绿色。瘦果上部具小刺，下部具成
　　　　　　行排列的小瘤。

主要用途：嫩茎叶可食用；全草供药用。

苍耳属

苍耳 *Xanthium strumarium* L.

别　　名： 胡苍子、抢子、青棘子、羌子裸子、绵苍浪子

识别要点： 一年生草本植物。茎较矮小，通常自基部起有分枝，被灰白色糙
伏毛。茎上部叶卵状三角形或心形，叶基部与叶柄连接处呈相等
的楔形，少有全缘。成熟的具瘦果的总苞卵形或椭圆形，较大，
被短柔毛，上端具 2 个喙，外面有疏生具钩的总苞刺；总苞刺细，
基部不增粗。瘦果 2 个，倒卵圆形。

主要用途： 种子可榨油；果实供药用。

郑州树木园植物图谱（草本卷）——菊科

黄鹤菜 *Youngia japonica* (L.) DC.

别　　名：黄鸡婆

识别要点：茎裸露或几裸露，无茎叶或几无茎叶。基生叶大头羽状分裂。头状花序较小；总苞片4层，外层及最外层极短，顶端急尖，内层及最内层长，披针形，顶端急尖，边缘白色宽膜质，内面有贴伏的短糙毛，全部总苞片外面无毛；舌状小花黄色，花冠管外面有短柔毛。瘦果纺锤形，顶端无喙，有纵肋。

主要用途：嫩茎叶可食用；全株可入药。

菊科

百日菊属

百日菊 *Zinnia elegans* Jacq.

别　　名：节节高、鱼尾菊、火毡花、百日草

识别要点：一年生草本植物。头状花序直径 5~6.5 厘米，单生于枝端，无中空肥厚的花序梗；总苞宽钟状；总苞片多层，宽卵形或卵状椭圆形，外层长约 5 毫米，内层长约 10 毫米，边缘黑色；托片上端有延伸的附片；附片紫红色，流苏状三角形；舌状花多色，舌片倒卵圆形，上面被短毛，下面被长柔毛；管状花黄色或橙色，上面被黄褐色密茸毛。

主要用途：庭园栽培供观赏。

糙叶败酱 *Patrinia scabra* Bunge

别　　名：墓头回

识别要点：多年生草本植物。基生叶与茎生叶不同形，常浅裂或不分裂，茎生叶一回羽状深裂或全裂，裂片多种形状。圆锥状聚伞花序在枝顶端集生成大型伞房状花序；花序梗被短糙毛；苞片对生，条形，不裂；花萼不明显；花冠黄色，筒状，直径 5~6.5 毫米，基部有 1 片小苞片，顶端 5 裂。果苞长达 8 毫米，网脉常具 2 条主脉。

主要用途：根可入药。

蛇床 *Cnidium monnieri* (L.) Cuss.

蛇床属

别　　名：山胡萝卜、蛇米、蛇粟、蛇床子

识别要点：叶片轮廓卵形至三角状卵形，2~3 回三出式羽状全裂。复伞形花序直径 2~3 厘米；总苞片 6~10 片，边缘膜质，具细睫毛；伞辐 8~20 个，不等长，棱上粗糙；小总苞片多数，边缘具细睫毛；小伞形花序具花 15~20 朵，萼齿无；花瓣白色，先端具内折小舌片；花柱长 1~1.5 毫米，向下反曲。分生果长 1.5~3 毫米，主棱 5 条，均扩大成翅。

主要用途：果实可入药。

芫荽 *Coriandrum sativum* L.

伞形科

芫荽属

别　　名： 胡荽、香荽、香菜

识别要点： 有强烈气味的草本植物。叶片一回或多回羽状分裂。伞形花序顶生或与叶对生；萼齿通常大小不等；花瓣倒卵形，顶端有内凹的小舌片，在伞形花序外缘的花通常有辐射瓣。果实圆球形，背面主棱及相邻的次棱明显。

主要用途： 茎叶可作蔬菜和调香料，有健胃消食作用；果实可提取芳香油，也可入药。

胡萝卜 *Daucus carota var. sativa Hoffm.*

伞形科

胡萝卜属

别　　名： 赛人参、红萝卜、甘荀

识别要点： 根肉质，长圆锥形，粗肥，呈红色或黄色。茎单生，全体有白色粗硬毛。基生叶薄膜质，长圆形，二至三回羽状全裂，末回裂片线形或披针形。复伞形花序，花序梗长 10~55 厘米，有糙硬毛；总苞有多数苞片，呈叶状、羽状分裂；伞辐多数，结果时外缘的伞辐向内弯曲；花通常呈白色，有时带淡红色。果实圆卵形，棱上有白色刺毛。

主要用途： 根作蔬菜食用。

郑州树木园植物图谱（草本卷）——伞形科

伞形科

窃衣属

窃衣 *Torilis scabra* (Thunb.) DC.

别　　名：华南鹤虱、水防风

识别要点：全株有贴生短硬毛。茎上部分枝。叶一至二回羽状分裂，先端渐尖，
有缺刻状锯齿或分裂；叶柄长 3~4 厘米。复伞形花序；总苞片通
常无，很少有 1 片线形的苞片；小总苞片数片，钻形，长 2~3 毫米；
伞形花序有花 3~10 朵；花白色或带淡紫色，被平伏毛。果实长
4~7 毫米，有内弯或呈钩状的皮刺。果实长圆形。

主要用途：全草可入药。

郑州树木园植物图谱（草本卷）

中文名索引

郑州树木园植物图谱

拉丁学名索引

郑州树木园植物图谱

郑州树木园植物图谱（草本卷） · 拉丁学名索引

郑州树木园植物图谱

后　记

为丰富树种多样性及生物多样性，打造郑州树木专题园，2008—2010 年，郑州树木园开始从我国中部、东部引进各类珍稀树种，主要从河南南阳、信阳以及湖北十堰、随州，湖南、山东、江苏、河北、安徽等地引进了银杏、水杉、红豆杉、杜仲、鹅掌楸、福建柏、金钱松、珙桐等珍稀植物。经过 10 多年的培育引种，共引进各类植物 700 余种，其中国家一、二级和河南省珍稀保护树种 20 余种，是本地区最富集、多样、齐全的植物种质资源库。

2021 年初，为了解引种树种对郑州气候的适应情况及生长状况，郑州市林业局党组决定，对树木园引种栽培植物进行全面清查，编制图谱，为树木园植物数据库建设和科普打下坚实基础。

郑州市林业产业发展中心联合河南农业大学，依据《中国植物志》及《河南植物志》所记载的植物花果物候期，分不同时期，对不同种植物进行有计划拍摄，对花果进行精细解剖后重点拍摄。后根据植物形态特征，按照《中国植物志》及《河南植物志》检索表仔细核对、进行物种鉴定。从 2021 年初至 2022 年底，按照春夏季节每周四至五次、秋冬季节每周两次的拍摄频次，共拍摄 150 余天，拍摄照片近 3.5 万张，采集标本 300 余份。

在调查过程中，由于受 2021 年"7·20"极端灾害天气影响，树木园园区道路中断，部分植物受损，加之两年来疫情多次反复发生，导致实地拍摄和资料搜集时断时续，部分资料搜集不完备。今后，我们将继续努力，对缺失遗漏及尚未整理出的植物种类进行再次补拍和资料搜集整理，力求全面、准确、完美，以回馈广大读者的厚爱。为党的二十大提出的提升生态系统多样性、稳定性、持续性，促进人与自然和谐共生，推进美丽中国建设，做出郑州林业人应有的贡献。

郑州市林业产业发展中心

2022 年 10 月

郑州树木园植物图谱